心若不动 谁能奈何

李宇晨 编著

煤炭工业出版社
·北 京·

图书在版编目（CIP）数据

心若不动，谁能奈何／李宇晨编著．--北京：煤炭工业出版社，2018

ISBN 978-7-5020-6842-4

Ⅰ.①心… Ⅱ.①李… Ⅲ.①人生哲学—通俗读物 Ⅳ.①B821-49

中国版本图书馆CIP数据核字（2018）第194493号

心若不动　谁能奈何

编　　著　李宇晨
责任编辑　高红勤
封面设计　荣景苑

出版发行　煤炭工业出版社（北京市朝阳区芍药居35号　100029）
电　　话　010-84657898（总编室）　010-84657880（读者服务部）
网　　址　www.cciph.com.cn
印　　刷　永清县晔盛亚胶印有限公司
经　　销　全国新华书店

开　　本　880mm×1230mm 1/32　**印张**　7 1/2　**字数**　200千字
版　　次　2018年9月第1版　2018年9月第1次印刷
社内编号　20180360　　**定价**　38.80元

前　言

在遥远而古老的西方，挑选小公牛到竞技场格斗有一定的程序。它们被带进场地，向手持长矛的斗牛士攻击，裁判以它受挫后再向斗牛士进攻的次数多寡来判定公牛的勇敢程度。

在现实生活中，社会的竞争异常激烈，各种压力也接踵而至，所以，我们也必须承认，我们的生命，每天都在接受类似的考验。如果没有内在力量的支撑，我们根本无法存活。那么，到底是什么力量一直在支持我们坚忍不拔，不惧刺痛，勇往直前，直面挑战，迎取成功呢？

其实，答案很简单，那就是意志。

在本书中，我们主要讲的意境，其核心力量就是意志。人类只要有了这种力量，就能在黑暗之中点燃意志之光，就能够勇

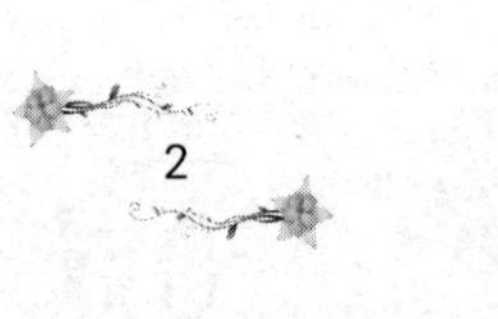

敢地面对荆棘丛生的道路，拔出意志之剑披荆斩棘。因为我们知道，人生的成就永远需要意志的力量，需要不断坚持，有一时的懈怠和退却，都可能影响最后的结局。所以，我们必须时刻提醒自己，我们必须将意志深刻根植于我们的脑中，并不断调整我们前进的步伐！

我们要知道，人生的每一分钟都不容我们忽视怠慢，我们必须紧紧抓住意志之绳，勇攀高峰。那么，面对人生，你知道自己的意志在哪里吗？

如果此刻的你还在为明天的不确定而迷茫恐慌，还在为未来而踌躇彷徨，那么你应该问问自己，倾听一下自己内心最真实的声音，也许你需要的是真实意愿的指引，是心灵选择的决断——意境！

应该说，你需要的这种意境，如果从人性的方面来讲，就是要求一个人能够做到恬淡闲适、清新自然、静谧安静，然后从平凡中活出华美壮丽、雄伟壮阔、明快高旷、慷慨激昂，等等。

目　录

第一章

面对逆境，迎难而上

勇于面对失败 / 3

面对逆境，迎难而上 / 9

化逆境为动力 / 15

在逆境中求生存 / 20

有信心，就不会害怕失望 / 26

逆境磨炼出耐力 / 31

身处逆境，不要逃避 / 36

|第二章|

不害怕的人，前面才有路

自立 / 45

自立者天助 / 52

不害怕的人，前面才有路 / 58

消除嫉妒心理 / 66

把心中的情绪宣泄出来 / 71

|第三章|

生活就是哭着生，笑着活

意志力的力量 / 79

强烈信念成就意志 / 85

豁达 / 90

乐观 / 95

消除虚荣心 / 99

生活就是哭着生，笑着活 / 106

|第四章|

大不了，从头再来

每个人都会经历挫折 / 111

失败并不可怕 / 118

失败并不意味着结束 / 123

大不了，从头再来 / 128

面对失败，永不放弃 / 134

坦然面对失败 / 145

|第五章|

给自己希望

向着梦想起航 / 151

多给自己一些期望 / 155

快乐 / 161

不要优柔寡断 / 166

不要放纵自己 / 170

给自己一片希望的树叶 / 175

|第六章|

做命运的主人

自我肯定 / 183

找回失落感 / 189

自我意识决定命运 / 194

坚持与自己抗争 / 199

做自己命运的主人 / 205

|第七章|

态度决定一切

心态决定人生 / 213

消除消极心态 / 219

积极心态的力量 / 224

态度决定一切 / 230

第一章

面对逆境，迎难而上

勇于面对失败

心理学研究发现，当我们面对逆境的时候，在我们的内心世界中，我们常常会产生一种恐惧感，而这种恐惧感也是我们心灵深处最根本也是最顽固的东西。正是这种恐惧，使我们常常陷于逆境世界中不能自拔，使我们无法发挥自己的潜能，最终导致我们与成功失之交臂。

我们知道，心理因素对人生有着至关重要的作用，尤其是一个人生理潜能的发挥，更加离不开心理因素。一个人，要想将人体所蕴藏的潜能发挥到极致，就必须要具备良好的心理素质。

从心理学的角度来讲，稳定的人格，没有偏激、猜疑，拥有

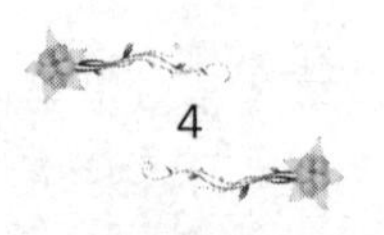

积极向上的生活态度和心态，都是开发人体潜在力量的前提。人通过提高认识、学习技巧、培养感受力和领悟力、坚强意志等方法，在积极开发人的心理潜能的同时，才能带动生理潜能的共同开发。因此，从广义角度来看，任何潜能都属于心理潜能。

其实，在古时候，人们已经学会通过一些途径去考察人的潜能。

古罗马的将军们在评价士兵的战斗能力时，会奉行一条简单的原则：在危急时刻看某士兵的脸色是发红还是发白，脸色发白的士兵常被委以重任。在将军们看来，他们的多年作战经验告诉他们，人在紧急情况下如果脸色发白，那么表示他们大多冷静、坚韧，具有必胜的信念；而在紧要关头脸色发红者，则容易动怒，或易陷入惊慌、恐惧，而在日常生活中，这类人又往往过于自信。

虽然上述观点古老，但是未必没有科学依据。现代科学家发现，人体的肾上腺能够分泌两种激素：肾上腺素和去甲肾上腺素。脸红者的肾上腺素水平较高，这种状况会使人在遇到困难后容易产生不安或恐慌。去甲肾上腺素水平较高者，遇事脸发白，这种激素会使他们在精神负担下保持生理和心理的平

稳。因此，研究人员也在寻求合理的方法，希望可以调控上述激素水平，以使人的某些精神状态和潜在的能力得到控制，使其尽可能地发挥到最佳状态。

研究人员发现，人们通过借助心理测试、描记心动图、测动脉血压和脉动等科学途径，能够监测人在一定情境下所表现出来的潜能和弱点根源。在使当事人获悉这些情况后，潜能专家可通过特殊的方法使求助者逐步克服弱点，发挥潜能。

任何人的成功都不是与生俱来的。人之所以能成功，最根本原因在于开发了人的无穷无尽的潜能。每个人都具有很大的潜能，但是因为它不是表露在外的，加之我们又很难意识到它的存在，所以我们往往无法发挥出潜能，也就很难成功了。

那么，如何才能将潜能释放出来呢？

心理学家认为，能够发挥潜能的人都有强烈的欲望。当这种欲望达到一定程度的时候，人的潜能就会爆发出来。在人的一生之中，我们多少都会遇到一些陷阱，而这些陷阱之中，最为可怕的一种是你亲自挖掘的陷阱——贪婪。因为贪心，你会忽略你的弱点，不顾一切去满足你的欲望。这时，即使危险摆在你面前，你也无法去理会、去避让，贪心遮住了你的眼，使你无法看到危险所在。

据说东南亚一带，有一种非常有趣的捕捉猴子的方法。它的奥妙就在于利用了一个“贪”字。

具体方法如下：

当地人用一个木箱子，将一些美味的水果放在里面，箱子上开了一个小洞，大小刚好够猴子的手伸进去。

如果猴子抓了水果就无法将手抽出来，除非它把手中的水果丢下，但大多数猴子不愿放下手中的东西，以致猎人来了之后，就可以不费吹灰之力将它们捉住。

人们可能会笑猴子真傻。但是人们是否想到，很多时候，自己的行为和这样的猴子也是一样的呢？

生活中，人们为了一些蝇头小利，有时候可能不惜牺牲自己的健康、时间、道德原则，甚至违背法律，最终得不偿失，而自己却浑然不知。

有一个人，偶然在地上捡到一张百元大钞，他为这笔意外之财感到无比开心，为了不错过这样的好运气，为了得到更多这样的意外收获，他后来总是低着头走路。时间长了，低头走路成了他的一种生活习惯。时间如白驹过隙，转眼多少年过去了，据他自己的统计，总共拾到纽扣3.9万多颗，针4万多根，

钱则只有几百块，而这时的他，已经成了一个严重驼背的人。而且在过去的几年中，他错过了太多落日的绮丽、幼童的欢颜、大地的鸟语花香。

由此可见，贪婪是无比可怕的，不仅能摧毁有形的东西，而且能搅乱一个人的内心世界，让人忘记自己的使命和责任。更为可怕的是，如果人贪婪成性，人的自尊，人所恪守的原则，都可能消失殆尽。

当然，我们也要注意到，一个人能否从逆境中走出来，受到情商所影响。这正如一些心理学家所说："情商之所以能发挥出异乎寻常的功效，关键在于它是对现实的能动适应。只有在现实冲突中，情商才能有所作为。高情商者都是敢于正视现实，勇于与现实作斗争的人，他们都有一部血与泪交织着的艰辛的奋斗史。"

现实是残酷的，但也正是这种残酷才成就了其难得的精彩和美丽。只有在失败的砧铁上不断锤炼，才能锻造出铁的品质。其实，要正视现实，最重要的就是要正视失败。战胜失败，就必定会迎来美好的现实。

其实，在逆境中的无所畏惧者，都有较高的情商。我们知道，人的情绪在逆境中会极端消沉，而高情商者则能很快走出

失败的阴影，自我拯救。由此可见，情商高的人对现实的适应性强，这种适应性集中地体现在挫折承受能力上。

著名影星史泰龙的健身教练哥伦布，曾对史泰龙做出这样的评价：“史泰龙从来不惧怕失败，他的意志、恒心与持久力都令人惊叹。在逆境中，他善于调整自己的情绪。他是一个行动专家，从来不让自己情绪低落，从不在消极的思想中等待事情发生，他主动令事情发生。”

如果现实是失败，那我们就要勇敢承受，但是不能消极被动，而是要努力寻求转败为胜的契机。而转败为胜的关键就在于信心。只要我们建立起必胜的信心，努力奋斗，坚持到底，就必定能突破困境，走向成功。

面对逆境，迎难而上

根据现代心理学理论，所谓的意识，就是指人所特有的反映客观现实的高级形式。而潜意识，是指人没有意识到的心理活动。

弗洛伊德说：“冰山浮在海平面可以看到的一角，是意识；而隐藏在海平面以下，看不见的更广大的冰山主体便是潜意识。”

心理学家弗洛伊德和布洛伊尔在治疗癔病时发现，患者不能意识到自己的一些情绪经验，但是在催眠状态中，却能够回忆起自己的有关病症的经验，并且感到心情舒畅。同样，正常

人也有很多心理能力是自己体察不到的。例如科学家发现，人类储存在脑内的能量大得惊人，但是到目前为止，人类普遍只开发了大脑能量的5%，约有95%的大脑潜能尚待开发与利用，即使像爱因斯坦这些科学精英，其大脑的开发程度也只达到13%左右。

据科学家研究表明，一个人，如果能够发挥大脑的一半功能，就可以轻易地学会40种语言，背诵整部百科全书，拿12个博士学位。如果能够察觉到这些能力并加以开发，成功就不是难事。这正如一位心理学家所说："相信你自己其实有更大的潜力，你才更有勇气面对困难！"

在练习室的钢琴上，摆着一份全新的乐谱，一个音乐系的学生走了进来。

"超高难度……"他翻着乐谱，喃喃自语，感觉自己对弹奏钢琴的信心似乎跌到谷底，消靡殆尽。

已经三个月了！自从跟了这位新的指导教授之后，不知道为什么教授总是要以这种方式整人。勉强打起精神，他开始用自己的十指奋战，奋战，奋战……琴音盖住了教室外面教授走来走去的脚步声。

指导教授是个很厉害的音乐大师。

授课的第一天，他给自己的新学生一份乐谱并说："试试看吧！"乐谱的难度颇高，学生弹得生涩僵滞、错误百出。"还不成熟，回去好好练习！"教授在下课时，如此叮嘱学生。

学生练习了一个星期，第二周上课时正准备让教授验收，没想到教授又给他一份难度更高的乐谱，"试试看吧！"上星期的课教授也没提。学生再次挣扎于更高难度的技巧挑战。

第三周，更难的乐谱又出现了。学生每次在课堂上都被一份新的乐谱所困扰，然后把它带回去练习，接着再回到课堂上，重新面临高难度的乐谱，却怎么样都追不上进度，一点也没有因为上周练习而有驾轻就熟的感觉，学生感到越来越不安、沮丧和气馁。教授走进练习室，学生再也忍不住了。他必须向钢琴大师提出这三个月何以不断折磨自己的质疑。

教授没开口，他抽出最早的那份乐谱，交给了学生。

"弹奏吧！"他以坚定的目光望着学生。

不可思议的事情发生了，连学生自己都惊讶万分，他居然

可以将这首曲子弹奏得如此美妙、如此精湛！接着，教授又让学生试了第二堂课的乐谱，学生依然表现出了超高的水准！演奏结束后，学生怔怔地望着教授，说不出话来。

“如果，我任由你表现最擅长的部分，可能你还在练习最早的那份乐谱，就不会有现在这样高的程度……”钢琴大师缓缓地说。

人往往习惯于表现所熟悉、所擅长的领域。但如果我们愿意回首，细细检视，就会惊奇地发现：那些看似紧锣密鼓的工作挑战永无歇止，难度渐升的环境压力，在不知不觉间就让人养成了今日的各种能力。所以说，人确实有无限的潜力。

但是我们又不得不承认，尽管我们可以通过实验定性测量人体的极限，但却无法定量。也就是说，人的潜能具有不确定性，要到什么程度才算是极限，是无法定量的。譬如，以前跑100米时，有人预测极限是10秒，但现在田径场上百米赛跑纪录达到了9.58秒，而与此同时，还有很多运动员在为突破这个纪录而不懈努力着。

根据心理专家测定，潜意识的力量是有意识力量的3万倍。人脑兴奋时，只有10%~15%的细胞在工作，可储存多达10个信号，而留在记忆中的却只有少部分。所以一般人的阅读速

度为每小时30~40页，经过训练的人却能达到每小时300页。可见，只要发掘隐藏在人体内的潜在力量，就可以克服人类遗传性的弱点。

许多喜欢看NBA的人都知道，那里面有一个了不起的人物——博格士。

据说，博格士是NBA有史以来破纪录的矮子球员，他的身高只有1.6米，但这个矮子可不简单，他是NBA表现最杰出、失误最少的后卫之一，不仅控球一流，远投精准，甚至在高个队员中带球上篮也毫无所惧。观看博格士的比赛就像看一只小黄蜂在满场飞奔，人们总忍不住赞叹：他不只安慰了天下身材矮小而酷爱篮球者的心灵，也鼓舞了平凡人内在的意志，让人们更有信心为自己的梦想去拼搏。

很多人也许会问，博格士的球技是天生的吗？当然不是，而是意志与苦练的结果。

博格士从小就长得特别矮小，但他非常热爱篮球，几乎天天都和同伴在篮球场上打球。当时他就梦想有一天可以去打NBA，因为NBA的球员不只待遇奇高，而且也享有风光的社会评价，是所有爱打篮球的美国少年最向往的梦。

博格士曾告诉他的同伴说：“我长大后要去打NBA。”听到他的话的人都忍不住哈哈大笑，甚至有人笑倒在地上，因为他们认为一个1.6米的矮子是绝不可能进NBA的。尽管嘲笑声不绝于耳，但是，博格士的志向依然如故，他坚信自己是一个天才，并不是上帝创作的劣质品。然后，他开始用比一般高个子多几倍的时间练球，最终，他用行动和实力证明，自己是一个全能的篮球运动员，也是最佳的控球后卫。在球场上，他充分利用自己矮小的“优势”——行动灵活迅速，不引人注意，抄球常常得手。他就像一颗子弹一样，一旦瞄准，绝不失误。

生活中，每个人都遭遇过逆境，很多人也都有过仕途的失意、生活的不顺，甚至有时候还能遇到喝凉水塞牙的事。然而，从某种意义上说，逆境也不全是件坏事，逆境是最能锻炼人的，只要你敢于突破，你会从中受益良多，成长很多。

成功属于迎难而上的人。如果你在逆境面前退缩了、避让了，那么逆境就会牢牢地缠住你，但如果你能不畏惧逆境，不断寻找突破的机会，那么，你将会很容易地就摆平一切烦恼、艰辛和厄运，迎来属于你的美好生活，甚至是人生的成功和精彩。

化逆境为动力

对于意志顽强的人来说，逆境是一所很好的学校。既然无法逃避，那就勇敢面对，争取从逆境中走出来，走向成功。

正所谓失败是成功之母。其实我们生活和工作中的每一次失败，每一次打击，每一次挫折，都蕴藏着成功的种子。真正的失败，不是我们遭遇了失败，而是不能从失败中站起来再战。

已故的作家威廉·伯利梭曾写过这样一段话：人生最重要的不是以你的所得做投资，任何人都可以这样做。真正重要的是如何从损失中获利，这才需要智慧，也才显示出人的睿智与愚蠢。

由此可见，逆境是通往人生成功巅峰的必经之路。

在美国佛罗里达州，曾有这样一位快乐农夫，他将一个有毒的柠檬做成了可口的柠檬汁。当初他买下农庄时，心情十分低落。土地贫瘠，不但不能种植果树，而且连养猪都不适宜。只有一些灌木与响尾蛇可以在此生存。

后来，他突然有了一个想法，他决定要利用这些响尾蛇，将负债转化为资产。于是，他不顾大家的惊异与反对，开始生产响尾蛇肉罐头。终于，经过了几年的奋斗之后，平均每年都会有两万名游客来参观他的农庄。他的生意好极了。在他的农庄里，游客们可以亲眼看到响尾蛇的毒液被抽出后送往实验室制作血清，蛇皮以高价售给工厂生产女鞋与皮包，蛇肉装罐运往世界各地，连当地的风景明信片上都写着“佛罗里达州响尾蛇村”。

威廉·詹姆斯说过：“我们最大的弱点，也许会给我们提供一种出乎意料的助力。”这个农夫的故事正是应验了这句话。

传说，在意大利的一个偏僻的小镇上，有一个特别灵验的山洞，里面有一池山泉，可以医治各种疾病，特别神奇。

有一天，一个拄着拐杖，少了一条腿的退伍军人，一跛一

跛走过镇上的马路，旁边的居民带着同情的口吻说："唉！可怜的家伙，难道他要向上帝祈求再有一条腿吗？"

这句话被退伍军人听到了，他转过身来对他们说："我不是向上帝祈求有一条新的腿，而是要求他帮助我，使我失去一条腿后，也知道如何过日子。"

对于一个残疾人来说，知道如何靠一条腿仍可以过日子，也是一种启示。学习为所失去的感恩，也接纳失去的事实，不管人生的得与失，毕竟仍有可为之处，总叫生命不致虚掷闲荡。所以说，只要你的心灵没有缚上夹板，那你就不是残废的。

有失必然会有所得。如果弥尔顿没有失去视力，可能写不出如此精彩的诗；如果贝多芬没有耳聋，可能也无法创造出动人的音乐作品；如果海伦·凯勒没有耳聋目盲，她的创作事业也许不会那么成功；如果托尔斯泰与陀斯妥耶夫斯基的命运没有那么悲惨，也许不能写出流传千古的动人小说；如果柴可夫斯基的婚姻不是那么悲惨，甚至要去自杀，他可能难以创作出不朽的《悲怆交响曲》。

伟大的科学家达尔文曾说："如果我不是这么无能，我就不可能完成所有这些我辛勤努力完成的工作。"显然，他的成

功与自身的弱点有很大的关系。

达尔文在英国诞生，同一天，在美国肯塔基州的小木屋里也诞生了一位婴儿。他也是受到自己缺陷的激发取得成功的，他就是亚伯拉罕·林肯。如果他生长在一个富有的家庭，得到哈佛大学的法律学位，又有完满的婚姻，他可能永远不能在葛底斯堡讲出那么深刻动人、不朽的词句，更别提他连任就职时的演说——可谓是一位统治者最高贵的优美的情操，他说："对人无恶意，常怀慈悲于世人……"

所以，尽管你可能健康不佳，缺少金钱，没有受过教育，或是婚姻不快乐，这些缺陷都可以帮助你，促使你与它们斗争，成为你进步的动力之源。宽容你的缺陷，并不意味着对它们放任自流，而是将这些缺陷转化为成功的根本因素，使它们成为你的优势。

世界著名的小提琴家欧尔·布尔在巴黎的一次音乐会上，忽然小提琴的A弦断了，他面不改色地以剩余的三条弦奏完了全曲。佛斯狄克说："这就是人生，断了一条弦，你还能以剩余的三条弦继续演奏。"

所以说，我们无论有什么样的缺陷，生命都要继续，无论

它们看起来有多么巨大，即使它使得你的人生失去了重要的一条弦、两条弦，你还依然拥有剩下的。不要让缺陷成为禁锢你的牢笼，对缺陷宽容一些，你会发现你收获的不仅仅是心灵上的轻松与愉悦，你会得到人生最珍贵的馈赠——成功。所以，命运交给你一个酸柠檬，你得想法把它做成甜的柠檬汁！

有这样一句俗语，“是冰冷的北极风造就了爱斯基摩人”。即使你所认为的缺陷真的使你感到灰心，甚至看不出有任何转变的希望，那么你最起码也应该有试一试的理由，下面这两个理由，看后会让你感觉更好。第一个理由：我们有可能成功；第二个理由：即使未能成功，这种努力本身已迫使我们向前看，而不是只会埋怨，它会驱除消极的想法，代之以积极的思想。它激发创造力，促使我们忙碌，也就没有时间与心情去为那些忧伤了。

总之，一个大无畏的人，面对恶劣的环境，会更加的勇敢坚强，这样的人，敢于面对任何困难，轻视任何厄运，嘲笑任何阻碍；因为忧患、困苦对他来说，都不算什么，根本不会伤害到他，反而会增强他的意志、力量与品格，让他有能力和那些伟大而成功的人物并驾齐驱！

在逆境中求生存

人生不如意之事十之八九，坎坎坷坷是在所难免的。人的一生毕竟要经过几十年的漫长岁月，在此期间，每一个人都会碰到一些令人不愉快的情况。尽管如此，我们也可以有所选择。既然它们不可避免，那么我们就去接受，并且努力适应它。当然，我们也可以因此而忧虑痛苦，甚至将自己弄得精神崩溃。我们是在逆境中求生存，还是在逆境中沉沦，全凭自己做主。

汉朝有个叫孟敏的人，在集市上买了一个陶罐，准备回家盛米用。可是在他赶路回家的时候，一不小心将陶罐摔碎了。

但是孟敏连看都不看一眼，头也不回，继续往前走。这时候，和他同路的朋友郭泰感觉很奇怪，就问："你的罐子打碎了，怎么连看也不看一下呢？"孟敏说："罐子已经打碎了，看看又有什么用呢？"这就是"坠甑不顾"的故事。

人生不如意十之八九。无法改变的事，忘掉它；有机会去补救的，抓住最后的机会。后悔、埋怨、消沉不但于事无补，反而会阻碍前进步伐。

我们也不得不承认，接受和适应那些不可避免的事情并不容易，可是为了活得更好，我们也必须去学会接受。叔本华说："能够顺从，这是你踏上人生旅途中最重要的一课。"所以，我们不但要说到，更要做好。

通过对生活的体验和感悟，我们可以看到，环境本身并不能使我们快乐或者不快乐，我们对周遭环境的反应才能决定我们的感受。必要的时候，我们都能够忍受得住灾难和悲剧，甚至战胜它们。我们以为自己办不到，但我们内在的力量却坚强得惊人，只要善于利用，我们就能借此克服一切困难。

一个名叫塔金顿的人曾说过："人生加诸我的任何事情，我都能接受，除了一样——瞎眼。那是我永远也没有办法忍受的。"然而，命运偏偏跟他开了一个玩笑，在他60多岁的时

候，有一天，他低头看着地上的地毯，却发现自己无法看清楚地毯的花纹。他去找了一个眼科专家，知道了一个不幸的事实：他的视力正在减退，有一只眼睛几乎全瞎了，另一只也即将瞎。

没想到，他最怕的事情终究还是发生了。

面对对自己来说最无法忍受的灾难，塔金顿有什么反应呢？他是不是觉得“这下完了，我这一辈子就此完了”呢？

令我们感到吃惊的是，他不但没有做出一些消极的反应和抵抗，反而活得非常开心和快乐，他变得很幽默。

以前，浮动的“黑斑”令他难过，它们会遮断了他的视线，可是现在，当那些最大的黑斑从他眼前晃过的时候，他却会说：“嘿，又是黑斑老爷爷来了，不知道今天这么好的天空，它要到哪里去。”

后来塔金顿完全失明了。他说：“我发现我能承受我视力的丧失，就像一个人能承受别的事情一样。要是我五种感官全都丧失了，我知道我还能继续生存于自己的思想之中，因为我们只有在思想里才能够看，只有在思想里才能够生活，不论我

们是否知道这一点。”

为了恢复视力，塔金顿在一年内接受了12次手术。他知道，这都是自己必须去做的事情，他知道自己没有办法逃避，所以唯一能减轻他痛苦的办法，就是爽爽快快地去接受它，所以他从来都不害怕。

他拒绝在医院里用私人病房，而和其他病人一起住进大病房。在他必须接受好几次手术时，他还试着使大家开心——而且他很清楚在他眼睛里动些什么手术——他只是尽力让自己去想他是多么幸运。

他说：“多么好啊，多么美妙啊。现代科学发展得如此之快，能够在人的眼睛这么纤细的部位动手术。”

常人其实很难想象，忍受12次以上的手术，一年之中的大部分时间都要处于不见天日的状态，那是怎样的一种生活？

可是，塔金顿说：“我可不愿意把这次经验拿去换一些更开心的事情。”这件事教会他如何接受不可改变的事实，这件事使他了解到，生命所能带给他的没有一样是他力所不及、不能忍受的。塔金顿的故事也正好验证了约翰·弥尔顿所说的那

句话——“瞎眼并不令人难过，难过的是你不能忍受瞎眼。”

当我们遇到一些不可改变的事实时，纵然我们选择退缩，或是加以反抗，为它难过，但都无济于事，我们根本无法改变事实。可是，我们虽然改变不了事实，但是我们可以改变自己。但这并不是说，在碰到任何挫折的时候，都应该忍气吞声。无论在哪一种情况下，只要还有一点挽救的机会，我们就要奋斗，为自己可以获得权利而战。

没有人能有足够的情感和精力，既能抗拒不可避免的事实，又能利用这些情感和精力去创造新的生活。你只能在这两者之间选择其一，你可以在面对生活中那些不可避免的暴风骤雨之时弯下自己的身子，你也可以抗拒它们而被摧折。

所以，在曲折的人生旅途上，如果我们也能够承受所有的挫折和颠簸，我们就能够活得更加长久，我们的人生之旅就会更加顺畅。反之，如果我们不承受这些挫折，而是去反抗生命中所遇到的挫折的话，那么我们就会产生一连串内在的矛盾，就会忧虑、紧张、急躁而神经质，在痛苦中度过一生。

如果我们再进一步，抛弃现实世界的不快，退缩到一个我们自己所造成的梦幻世界里，那么我们就会精神错乱了。

因此我们说，面对逆境，我们要心平气和，急躁冒进只会

导致失败。正如普希金所说的：“假如生活欺骗了你，不要悲伤，不要心急！忧郁的日子里需要镇静，相信吧，快乐的日子将会来临。”

有一句古老的格言说得很好，“对必然之事，且轻快地加以承受”。在今天这个充满紧张、忧虑的世界，忙碌的人们比以往更需要这句话：“接受不可避免的事实，在逆境中奋起。求得新生，在积极乐观的心态下，快乐地生活。”

有信心，就不会害怕失望

我们都听说过这样一句话：“冬天已经来临，春天还会远吗？”

是的，有了信心，就不会害怕失望。只要你的心中有阳光，即使你处在寒冷的冬天，你也能闻到春天的气息；只要你心中有阳光，即使你被逆境所困，满天的乌云也总会被它所穿透；只要你心中有阳光，即使你被挫折和失败一次次打倒，你同样可以在100次的失败后，101次地站起来，把苦涩的微笑留给昨日，用不屈的毅力和信念赢得未来。

在信心面前，一切逆境无所谓逆境，一切困难无所谓困

难，我们只要贯穿信念的力量，时刻在心中洒满阳光，就能战胜一切。

记得有人说过：“我成功，是因为我志在成功。”可见，信心是一个人走出逆境的法宝。如果没有这个作为信念，没有毅然的决心与信心，当然成功也就与你无缘了。

世界知名的演说顾问兼作家多罗西·莎诺芙记述了一段她自己的故事：

大学毕业后，她不幸丢掉了第一份工作。她说：“离我开始做第一份工作还有几个星期，我的第一份工作是在圣路易市立歌剧院做临时女替角，我感冒了，喉咙发炎。我很笨，竟然没有停止排练，结果喉炎越发严重，最后就失声了。我只好保持安静，希望到圣路易的时候就可以复原，但我错了。我的声音还是不对劲，但没办法，我还是想按照预定计划，站在舞台前，面对满座的观众，与文森特·普莱斯同台演出。我不想让我的第一份工作就这样完蛋了，于是我跑去找国内顶尖的喉科专家，‘我想你不能再唱歌了，’他说，‘你可以说话，但我怀疑你是否还能唱歌。’我的第一份工作就这样失去了。

“我茫然若失，这是任何一个歌手结束事业的前兆。医

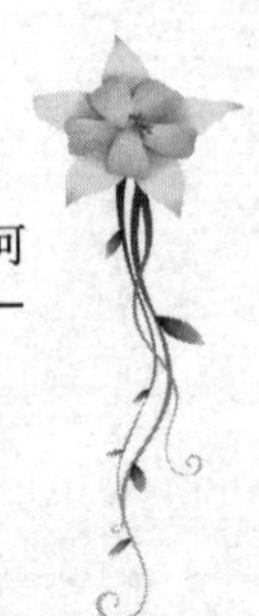

生打算做声带手术。我很欣赏的一位歌剧女高音就做过这种手术，但她的声音却从此大不如前。除了手术，我还有另一种选择：完全不出声，让声带有痊愈的机会。我就这么办了，四个半月里完全不吭一声，一个字也没说。后来，我被允许悄悄低声说10个字。之后，被允许用正常的声音说出10个字。回音就像钟楼的钟声一般，令人难忘。

“六个月之后，我成为纽约大都会歌剧试唱的最后人选，如果我还在圣路易工作，就不可能发生这样的事。但从圣路易那次失败后，我变成了纽约市歌剧院的首席女高音，在13场歌剧演出中，和格特鲁德·劳伦斯合演《国王与我》，并在所有俱乐部里演出，还曾5次出演埃德·沙利文的剧目。”

除此之外，多罗西·莎诺芙还是世界知名的演说顾问。她说：“当我失去声音时，我发誓要学习所有和声音相关的知识，不让我的悲剧降临在我认识的人身上。在这个过程中，我学到如何改变说话的方式，例如降低音量、改变共鸣音等，我的第二个事业就此展开了。”

执着，是人们事业成功的必备要素之一。任何事情缺少坚持都无法做到最后，做到最好。在奔向目标进程中，我们无

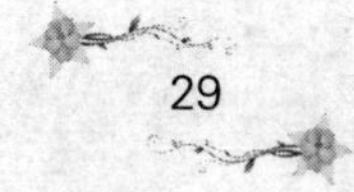

法一步成功，但是只要我们拥有令人激动的目标，我们奔向目标的方向是正确的，我们就必须抱定“咬定青山不放松”的态度，只有坚持到底，才能赢得胜利。

达尔文在一个动物园中工作20年，有时成功，有时失败，但他锲而不舍，因为他自信已经找到线索，结果终得成功；因为信心，大音乐家瓦格纳即使遭受同时代人的批评攻击，他也依然战胜了困难，获得了成功；因为有人相信可以征服黄热病，即使它已经流传许多世纪，导致死的人不计其数，也无法阻止科学家研究的脚步，终于，科学家迎来了胜利的曙光。

由此可见，信心的力量惊人，它能改变恶劣的现状，造成令人难以相信的圆满结局。充满信心的人永远不倒，他们是人生的胜利者。所以说，在成功者的足迹中，信心的力量起着决定性的作用。如果你要想事业有成，就必须拥有无坚不摧的信心。

有人说：“成功的欲望是创造和拥有财富的源泉。”

人一旦拥有了这一欲望，在自我暗示和潜意识激发后，就会形成一种信心，这种信心会转化为一种“积极的感情”。它能够激发潜意识释放出无穷的热情、精力和智慧，帮助其获得巨大的财富与事业上的成就。所以，有人把“信心”比喻为“一个心理建筑的工程师”。

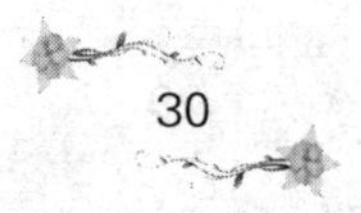

许多人认为有成就才会有信心，没有成就自然就没有信心可言。其实，这是一种十分消极的、错误的观点，没有信心何来的成就呢？

全国各地每天都有不少年轻人开始新的工作，他们都希望登上更高的阶梯，享受随之而来的成功果实，但是他们大多不具备必需的信心与决心，因此他们无法达到顶点，因为他们根本没想过自己能够达到，以至于根本找不到攀登巅峰的通路，他们的作为只能停留在一般人的水平上。

有一些人，他们相信总有一天会成功。他们抱着一种积极的态度来进行各项努力，最终，他们凭着坚强的信心实现了自己的梦想。人们的智慧是无限的。在现实生活中，信心一旦与思考结合，就能激励人们表现出无限的智慧和力量，使每个人和欲望转化为物质、金钱、事业等方面的有形价值。

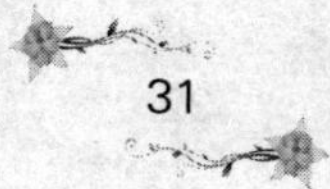

逆境磨炼出耐力

逆境磨炼出耐力，经历过逆境，并能扛得住逆境的人，最后一定拥有非凡的耐心和毅力。而这点也是成功的必备条件之一。有了耐心，你就能有足够的力量去克服巨大的障碍。所以，当你遭遇困难时，不要灰心丧气，因为你可以借此发现个人的弱点。

也许你的缺点是容易对竞争者做出草率的判断，又或许你的眼光太狭隘，而忽略了许多该做的事情。逆境可以指引你，告诉你自己犯错的地方，并培养你所缺乏的特质。没有人会因为失败而感到喜悦，但如果你有成功的欲望，便可以将其变成

改善自己性格弱点的大好机会，从而更接近成功。

全世界的人都知道，美国人向来做事急躁，这是他们的民族独特性。他们这种追根究底、不达目的绝不罢休的精神，正是他们最大的力量来源。然而，这种凡事求快的个性，同时也是一项缺点，它使美国人变成全世界最没有耐心的民族。

在战场上，很多美国士兵都发现，他们致命的弱点就是缺乏耐心。因为没有耐心，他们不能沉着应战，经常无谓地暴露在敌人的炮火之中。

商场如战场。在商场上，我们往往要求在最短的时间内签约成交，因为太过于急功近利，时常不能从容地全盘谋划。由于我们缺乏耐心，急着想要“得手”，极有可能把重要的优势让给蓄谋已久的对手，使自己错过了成交的机会。

富兰克林说过：“有耐心的人，将无往而不胜。”

托马斯·约翰·沃森出生于纽约北部一个农民家庭，一家人靠父母伐木和种地维持生活。由于家境贫寒，约翰·沃森并未受过多少正规的教育。为了减轻父母的压力，他放弃读书，开始出门做事。

他的第一份工作是为一个经营五金的商人推销商品，周薪12美元。后来，有人告诉沃森，推销员通常拿的是佣金，而不

是工资。若按业绩算，沃森应得的周薪是65美元。他感到很气愤，便毅然辞去了工作。

后来，他又给一个名叫巴伦的推销员做助手，佣金还算丰厚。赚了一些钱之后，他开了一家肉店，一心梦想着要缔造一个零售业的帝国。然而有一天，巴伦却卷款而逃，使沃森陷入破产的境地。面临破产，沃森没有就此趴下，他卖掉了肉店，又在一家专卖收款机的公司找到了一个职位。

第一次推销收款机，他以失败告终，而且结果非常糟糕。老板对他进行了严厉训斥，沃森被骂得六神无主，但是，有着惊人忍耐力的沃森，在这种羞辱中坚持了下来。

一年后，他已成为地区中最成功的推销员，周薪100美元，不久他又成为首席推销员。

几年后，沃森成了这家公司的销售部经理，由于他的成功业绩，使公司现金收款机的销量直线上升。然而就在此时，一场官司却使沃森和他的另外几位同事被判处1年徒刑及罚款。最后，沃森以5000美元的代价获得保释。

又过了一年，沃森由于遭人诬陷，而被老板逐出了他所在

多年的公司。

此时的沃森已近不惑之年，但事业上的挫折并未将他击倒。后来，经朋友引见，他认识了IBM的奠基者查尔斯·弗林特，并受聘到他的公司来工作。

开始，公司里一些地位高的人对沃森很不以为然，而且极端歧视他，但是，就是这样的环境下，沃森凭借自己惊人的耐力，忍辱负重地工作了10年。最终，他以自己的坚韧和不屈不挠，以及卓越的领导才能和经营魄力，证明了自己的能力，最终赢得了大家的认同和好感，随着公司在不断地成长壮大，沃森也逐渐登上了自己事业的巅峰。

沃森的故事告我们，成功需要耐心，但是耐心也需要特别的勇气，对一个理想或目标全身心地投入，而且能够不屈不挠、坚持到底。

因为有执着的理念，让爱迪生发明了电灯，使沙克发明了脊髓灰质炎疫苗，让希拉利有勇气爬上艾维斯特峰，鼓舞海伦·凯勒超越严重的肢体残障而获致成功。

那么，如何培养耐心呢？

很简单，只要你确定人生的目标，专注于你的目标，直到你内心充满炽烈的欲望，你所有的意念、行动及祈祷都朝着那个方向前进。

执着会让你更有耐心。朝着自己的目标，坚定不移地走下去，你就会成功。

身处逆境，不要逃避

人要想在逆境中崛起，就必须有坚忍不拔的毅力，而坚忍的毅力来源于对事业孜孜不倦的追求。这种对目标的追求和向往，能激发出人的无比巨大的潜在力量，帮助人们战胜难以想象的困难，最终赢得成功。

1832年，林肯失业了，为此他感到非常伤心。当时，他下决心要当政治家，当州议员。但令人深感遗憾的是，他的竞选也失败了。在一年里遭受两次打击，这让他痛苦不堪。

后来，林肯打算自己创业，可一年不到，企业又倒闭了，在以后的17年间，他不得不为偿还企业倒闭时所欠的债务而到

处奔波，历尽磨难。

但是，林肯依然没有放弃做议员的梦想，他再一次决定参选州议员，这次他成功了。他内心萌发了一丝希望，认为自己的生活有了转机："可能我可以成功了！"

1835年，他订婚了，但离结婚还差几个月的时候，未婚妻不幸去世。此时的他，已经无法承受这么沉重的打击，变得心力交瘁，数月卧床不起。1836年，他得了神经衰弱症。

企业倒闭、情人去世、竞选败北，虽然他经历了很多失败和挫折，但是他依然没有放弃前行的脚步，依然坚持着，朝着自己的目标努力。要是碰到这一切，你会不会选择放弃呢?

不管别人如何，林肯没有放弃。1846年，他又一次参加竞选国会议员，最后终于当选了。很快，两年任期就过去了，他决定争取连任。他认为自己作为国会议员，有很出色的表现，选民会继续选举他，但结果很遗憾，他落选了。因为落选，他还赔上了一大笔钱。

于是，林肯申请当本州的土地官员，但州政府把他的申请退了回来并在上面指出："做本州的土地官员要求有卓越的才

能和超常的智力，你的申请未能满足这些要求。”

接连两次失败。在这种情况下，你会继续努力吗？然而，林肯没有服输。

1854年，他竞选参议员，又失败了，两年后他竞选美国副总统提名，结果被对手击败了；又过了两年，他再一次竞选参议员，还是以失败告终。

在多年的选举之路上，林肯一共尝试了11次，可只成功了2次，他一直没有放弃自己的追求，他一直在做自己生活的主人。1860年，他终于成功当选为美国总统，而且他还成了美国历史上最有名的总统之一。

林肯，一个看似没有卓越才能和超常智力的人，却在最后取得了人生的辉煌。为什么？因为他在困难面前没有选择退却和放弃，而是以一种平和的心态一直坚持到了最后。

对于一个人来说，每一样都非常突出是不太现实的，但是对于一个人来说，只有这一点就足够了——遇到困难的时候持之以恒地坚持下去。

童年的舒伯特就对音乐产生了浓厚的兴趣。长大后，虽然生活困苦不堪，但丝毫没有影响他对音乐的热爱。

一天，他被饥饿折磨得焦躁不安，在大街上漫无目的地走着，忽然被酒店的菜香所吸引，不由自主地走了进去。在那里绅士们正饮着美酒，享受着美食佳肴。饥肠辘辘的舒伯特多想吃上一点什么东西充饥，可是他口袋空空，没有一文钱，他坐在一边随便翻着一张旧报纸。忽然，有几首儿歌一下子触动了他无限悲凉的心，灵感刹那间涌上心头，他立即掏出纸笔，飞快地记录下脑中盘旋的儿时的记忆和现实的凄凉，整个乐曲一挥而就，这就是闻名后世的《摇篮曲》。

虽然饿得发昏，但是他仍然想着音乐，这是舒伯特没有倒下去的一个顽强支点。凭着这信念，他以异乎寻常的坚忍之心，在艰难困苦之中迈出坚实的步伐。

美国前总统尼克松因“水门事件”被迫辞职之后，久久沉浸在失败的忧愤和痛苦之中。媒体的穷追猛打，朋友唯恐避之不及，两次当选的辉煌，与现在的穷途末路形成强烈反差。这一切，使得62岁的尼克松患上了内分泌失调和血栓性静脉炎，他几乎是在苟延残喘地度日。然而尼克松没有在不利的环境中倒下，他及时地调整了自己的心态，告诫自己：“批评我的人不断地提醒我，说我做事不够完善，没错，可是我尽力了。”

他不畏惧失败，因为他知道还有未来。他始终相信“勇往直前者能够一身创伤地回来”，他重新调整心态，迎接新的挑战，鼓励自己从挫折中走出来。

在这之后，尼克松连续撰写并出版了《尼克松回忆录》《真正的战争》《领导者》《不再有越战》《超越和平》等著作，以自己独特的方式实现了人生应有的价值。

贝多芬也曾陷入过近乎绝望的困境中。在他才华横溢之时，他的双耳却失聪了。他一度无法接受这个残酷的现实，整天酗酒，甚至想过自杀。但是，音乐的力量又使他重建了信心，他以更坚强、更无畏的精神来正视现实。“我要扼住命运的咽喉！”这种伟大的精神，促使他在常人无法想象的痛苦中，创作了举世闻名的《命运交响曲》。

从众多的成功故事中我们可以看出，真正优秀、成功的人，都是高情商者，在逆境中寻求脱困之道。失败使强者愈强，勇者愈勇，也可使弱者更弱，甚至从此一蹶不振。

就像《真心英雄》里唱的那样，“不经历风雨怎么见彩虹，没有人能够随随便便成功”。人生挫折难免，但只要我们

处理得好，它就能为我们提供契机，使我们变得更成熟。

所以，即使身处逆境，我们也不要躲避，逆境是对意志的磨炼。在逆境中，我们要把握人生的每一分钟，向着心中的梦想全力以赴，绝不放松。

第二章

不害怕的人，前面才有路

自立

自立，是一个人长大成熟的标志之一，如果只是一味地依赖他人，依靠他人，总是期待会有人帮自己做事，那么自己就不会努力，甚至会永远停滞在不去做事、做不好事情的状态。人只有自立，才能锻炼意志和力量。所以，人需要自助自立精神，只有抛弃拐杖，破釜沉舟，依靠自己，才能赢得最后的胜利。

史密斯有一个独生儿子，名叫吉姆。史密斯是一个严父，但是吉姆一向被他妈妈娇生惯养，所以，在教育孩子的问题上，史密斯和太太发生过很多次争吵。

一天，吉姆站在门外迎接他，说："看，爸爸。"摆在史

密斯面前的是他所见过的最大的一盒贺卡。他把盒子打开，里面有徽章、证书和一个通知，通知说："请30天内把销售的钱寄到。"

吉姆问："现在我该怎么办呢？"

史密斯说："你首先得学一点儿商务谈话。"

每天晚上史密斯回家，吉姆都会说："爸爸，你觉得我准备好了吗？"

史密斯总是回答说："你学会了生意会话了吗？"

他说："还没有。"

史密斯说："如果你是代表我出去作即兴讲话的话，我希望你知道你要讲什么。"

两周后，吉姆终于跑过来说："我不喜欢那些商业对话。"

"那你就自己写一篇吧。"史密斯说。

第二天，早餐桌上有一张小纸条，上面写着："早上好，史密斯夫人，我是吉姆。我代表美国营销俱乐部。"这就是他写的，已经过了两个星期了，史密斯想，再过两个星期恐怕就只能替他把钱寄出去了！当然，这是他妈妈的主意。但是，史

密斯决定让孩子好好接受一番学会自立的训练。

那天晚上史密斯回家就告诉吉姆："把录音机拿出来，我们现在要准备一个演说。我们要一直工作下去，直到你做出一个像样的商业对话来。"

于是他们开始排练，演讲是这样的：

"早上好，史密斯夫人，我是吉姆。我代表美国初级营销俱乐部。请你看一下这些卡片，你会发现里面有很多家庭的徽章，它们质量优良，而且每盒只要1美元25美分。您想买一两盒吗？（微笑）"

他们一直在排练，然后他们用录音机录下来反复放。史密斯发现，吉姆的胆量在逐渐变大。最后吉姆问道："我准备好了吗？"

但是史密斯说："不，你还没有准备好。理论上你知道应该怎么做了，可实际操作起来你就不知道怎么做了。现在你到前厅去，我来扮演你的客户。拿两盒卡片，然后敲门，然后我会告诉你在实际情况中，你对事情的正确期盼应该是怎么样的。"

怀着兴奋和自信，吉姆走到前厅，准备向史密斯展示他的

能力。他认为他已经准备好了。他开始敲门，史密斯打开门，发着火吼道：“我在吃午饭，你来捣什么乱！”这个初级推销员非常震惊，心情低落到了极点。

史密斯把他抓回来，接着他们又开始训练。第二次，他让他进了门，又把他推出去。第三次，他还是失败了。他的母亲在楼下，觉得史密斯简直都要把她的宝贝儿子杀了，但史密斯觉得自己做的仅仅是让她的宝贝儿子学会一点儿生活的常识。

“你知道今天‘谁在扼杀我们的宝贝’吗？不要以为抚养孩子只是给他们一点儿拥抱和吻！我要让我的孩子准备好面对现实！”史密斯这样说。最后，吉姆的试验推销终于成功了，但特训尚未完成。

“好了，”吉姆说，“我们准备好了么？”

史密斯说：“是的，你准备好了，我们开始吧！你现在带着两盒卡片去圣约翰路，穿起大衣，打好领带。当你得到十个拒绝的答案时，你就打道回府吧！如果有两个人买了你的卡片，你就收手回家吧。”

“为什么？”

“因为被拒绝十次以上的话，会把你毁了；而两次以上的成功也可能毁了你——虚荣和失败对推销员来说杀伤力一样是致命的。”史密斯这样想着，但是没有说出来。

这个故事说明自立是打开成功之门的钥匙，自立也是力量的源泉。一旦你不再需要别人的援助，你就会发挥出过去从未意识到的力量。

小蜗牛问妈妈：“为什么我们从生下来，就要背负这个又硬又重的壳呢？”

蜗牛妈妈回答说：“因为我们身体没有骨骼的支撑，只能爬，又爬不快。所以要这个壳的保持。”

小蜗牛又问道：“毛毛虫姐姐没有骨头，也爬不快，为什么她却不用背这个又硬又重的壳呢？”

蜗牛妈妈说：“因为毛毛虫姐姐变成蝴蝶后，天空会保护她啊。”

小蜗牛又问：“可是蚯蚓弟弟也没骨头爬不快，也不会变成蝴蝶，他为什么不背这个又硬又重的壳呢？”

蜗牛妈妈说：“因为蚯蚓弟弟会钻土，大地会保护他啊。”

小蜗牛哭了起来：“我们好可怜，天空不保护，大地也

不保护。”

蜗牛妈妈安慰他说：“所以我们有壳啊，我们不用天空和大地，我们自己能保护自己。”

小蜗牛因为有壳的保护，可以自己保护自己，所以它才能做自己想做的事情，可见，世上没有比自立更有价值的东西了。如果你试图不断从别人那里获得帮助，你就难以保有自立。如果你决定依靠自己，敢于独立，你就会变得日益坚强。

虽然，有时候外力的帮助会让我们觉得自己很幸运，做起事情很轻松，这固然是好的一面，但是，从不利的方面看，外部的帮助常常又是祸根，给你钱的人并不是你最好的朋友。在这个社会上，人与人之间更多的是利益关系，很少会有人愿意无偿地帮助你，即使是无偿不要任何回报，你也会觉得欠了对方一个人情，迟早你还是要还的。即使是父母我们也不能毫无限制地索取，因为他们为我们付出的已经够多了。所以，我们就是需要自立，要靠自己。依靠谁也不能依靠一辈子，俗话说，靠山山倒，靠人人倒，靠自己最好。就是这个道理。

大多数一生碌碌无为的人都有一个共同的特点：认为自己没有什么特殊才能，认为自己不过是一个平庸的人。因为有这样一个错误的认识，因此就甘于平凡，不再努力，不再追求，

不再发展自己了，就一味地依赖他人，听从他人的安排。

实际上，在我们没有付出努力之前，在我们的事业没有成功之前，任何人都不会明白自己究竟是什么样的人，究竟能够成就什么样的事业，究竟有多大的潜力。当你相信自己是一个不凡的人，相信自己是一个可以自立的人，相信自己是一个无须依赖他人的人时，你就会变得自信自强，成功的大门也会在你的面前敞开。

总之，自立是成功之门的钥匙。人可以没有其他东西，但是不能没有自立的精神。任何一个人都具有连自己也不敢相信的洞察能力和智慧，只要我们走进了这个大门，就会发现原来自己有那么大的能量，大到足够支撑自己成为一个杰出和优秀的人物。

自立者天助

俗话说，自立者天助。也就是说，每个人都可以实现自立自助的独立生活，可在现实中，只有少数人能够真正如此。当然，依赖他人，追随他人，什么事都靠别人去思考、去策划、去完成，这当然要比自己去想、去策划、去工作要容易得多，也惬意得多。然而，一个人如果有了依赖的想法，他就会丧失勤勉努力的精神。所以，我们不要过分依赖任何人，否则只会缺乏主见。

一般的人，如果在某一方面缺少特殊的才能，就会变得不想再努力，以为努力也不会有成果。而许多成功的人却不是这

样，他们在最初的时候与常人没什么两样，也没有什么特殊能力和机遇，但他们却有高过一般人的自立精神和生活愿望，而且可以把这些作为奋斗的支柱，因此，获得了最后的成功。

要想知道自己的身体里究竟有多少才能与力量，一定要通过亲身实践来检验。同势力、资本以及亲戚朋友的扶持相比，自立精神最为重要，它对人的成就有不可思议的力量。

苏启楠坐在客厅里，紧握着拳头气愤地说："我永远也改不了，她让我一错再错！"

苏启楠所指的是她，就是一次又一次地听从她的朋友高怡然劝她做这做那。这一回，她听了高怡然的意见，把她的厨房糊上一层最新式的红白条墙纸。"我们一块儿去商店选中了这种墙纸，因为高怡然喜欢这一种，说这墙纸能使整个房间活跃起来。我听了她的话。而现在，是我在这个蜡烛条式的牢房里做饭。我讨厌它！我怎么也不习惯。"她感到，这一折腾既花费了钱，又不习惯，还不能立刻改变，简直难以忍受。

苏启楠意识到自己不仅是对选墙纸一事愤怒，而且气愤自己又受了高怡然意志的摆布。同样也是高怡然，说苏启楠的儿子太胖了，劝她叫儿子节食。她还说她的房子太小，使她为此

又花了一笔钱。

苏启楠问题的关键在于学会尊重自己的意见。过去她的意见总要事先受高怡然的审查或者某个类似高怡然的人物的审查。后来她有了进步，尽管高怡然说那双鞋的跟“太高，价也太贵”，她还是买了那双高跟鞋。苏启楠回忆说：“我差点儿又让她说服了。但我还是买了，因为我喜欢，您可以想象当时高怡然的脸色多难看！”最有趣的是，最后高怡然自己也买了一双同样的鞋，因为鞋样很时髦。

苏启楠现在所做的调整只是与另一个女人的关系的界限。她仍然把高怡然当作好朋友。并不是每个人都有类似的朋友，在特殊情况下，有的人愿意受朋友的控制，是因为他缺乏主见，产生了对朋友的依赖。而过分地依赖会让朋友产生反感。

马智慧是位年轻妇女，她愿意让一位朋友摆布她的生活。与苏启楠不同的是，马智慧是主动要求受控制。当她的垃圾处理装置出毛病后，她给好朋友阿梅打电话，问她怎么办。订阅的杂志期满后，她也去问阿梅是否再继续订。有时她不知晚饭该吃什么时，也给阿梅挂电话问她的意见。阿梅一直像个称职的母亲一样，直到有一天出了乱子。

有一天，阿梅的一个儿子摔了一跤，衣袖被划了个口子，需要缝针。马智慧又打电话问问题了，由于非常疲倦，阿梅严厉地说道："天哪！看在上帝的分儿上，马智慧，您就不能自己想想办法？就这一次！"说完就挂了电话。对阿梅的拒绝，马智慧感到迷惑不解，她说："我还以为阿梅是我的朋友呢。"

在任何时候，自己都要有自己的看法，有主见的人才能赢得更多的尊重，获得更多的朋友。过分地依赖会损害你和朋友的关系，而且是双方的，朋友并非父母，但他们没有指导和保护你的义务，他们能给你支持，但不可能包办代替，你必须清楚，他只不过是朋友而已。你自己不能做决定，缺乏主见，就会使你受到朋友正确或错误的意见的影响。为此，你应该立刻决定，摆脱对朋友的依赖。

此外，还有很多父母总想给他们的子女创造最优越的条件，为了不让他们奋斗得过于艰辛，就处处翼护着他们，使他们免受一丝一毫的委屈。殊不知，这种做法在不知不觉中已经毁掉了孩子的前程。父母的做法看似在给孩子开辟出路，其实质恰恰相反，而是在给他设置障碍。当他失去了自立自助的能力时，他就会在依赖中苟且生存，很难成长起来、强大起来。

因此，我们大家必须谨记：外援和依赖不可能帮助我们充

分发展智力与体力，真正能帮助我们，对我们的一生都将有很大益处的是自立自助。

世界上能够获得成功的人，都是摆脱了依赖，抛弃了拐杖，具有自信，能够自立的人。对一个人来说，进入成功之门的钥匙唯有自立自助，这种品质正是获得胜利的前提。

驾驶航船的船长是否训练有素，在风平浪静时是看不出来的，只有在狂风暴风、波涛汹涌、大船交覆、人心惊恐的时刻，才能够显示出船长的真实本领。船长之所以能成为船长，正是因为他曾经无数次经受过大风大浪的严酷考验。

同样，一个人能否立定意志努力奋斗，能否获得巨大的成功，也只有在困境中才能磨炼出来。外界的扶助，有时或许也是一种幸运，但更多的时候，情况恰恰相反。你最好的朋友并不是供给你金钱的人，真正的好友，是鼓励你自立自助的人。

世界上许多人之所以会无所作为，就是因为他们贪图享受，缺乏自信，不敢照着自己的意志去行动。他们凡事都必须得到他人的同意认可才敢做出决定，这样的人，永远只是生活的奴隶。

一个身体健全的人如果总是依赖他人，慢慢地就会感到自己不是一个完整的人。用自己的双手撑起蓝天的人，才是天地

间真正的巨人。一个人只有在能够自立自助的时候，才会感到自由自在，无比幸福。你要知道，春天的到来是因为花朵的盛开，而非春天带来了美丽的花朵。希望你可以做一朵花，不但芬芳了自己，还能让整个春天香飘四溢。

不害怕的人，前面才有路

恐惧多半是心理作用，但是它确实存在，并且是发挥潜能的头号敌人。如果你始终处于一种消极的心态，并且满脑子想的都是恐惧和挫折的话，那么你所得到的也都只是恐惧和失败。但是，如果你以积极心态发挥你的思想，并且坚信自己一定会取得成功，那么你的信心就会使你实现自己的目标。所以，我们必须摒弃恐惧，给自己更多可以实现成功的可能。

鲁迅先生曾说："人生的旅途，前途很远，也很暗。然而不要怕，不怕的人的面前才有路。"不要怕，才会行动，而行动可以治愈恐惧、犹豫，拖延则只会助长恐惧。也就是说，在

我们前进的道路上，无论有什么障碍和困难，我们都不应感到惧怕。

在我们的生活中，当我们遇到困难的时候，不要恐惧，我们一定要知道，没有什么事是真正值得我们恐惧的，我们只有勇敢地向前走，不回头，努力为自己的目标去努力，我们才会成功。也只有这样，我们才活得有意义，生命才更有价值。

伊利娜·鲁威特曾经说过：“每一次你停下来直视恐惧的经历会使你获得力量、勇气和信心。”当一个人决心面对某些事情的时候，那些事情总会慢慢地变小并最终撤退跑掉。面对困难或恐惧比试着逃避它们要安全得多。

有一个老牛仔，在一个大的养牛场做了一生。在那里冬天的暴风雨会让牛场损失很多牛。在冬天，冰冷的雨打在草原上，咆哮的、严厉的风使雪堆积成巨大的堆积物。温度很快就降到0摄氏度以下，飞起来的冰块能割开肌肉。在恶劣的天气下，多数牛会背朝着冰块顺着风走。走了一段又一段，最后被边界的栅栏挡住，它们就靠着栅栏堆积并且死去。

但是赫里福德郡牛却不一样，这种牛会本能地头顶着风走到牧区的尽头，它们在那里肩并肩地站在一起，面对着暴风

雪，低着头抵抗它的袭击。

牛仔说：“很多时候你会发现，赫里福德郡牛能够在那样的环境里活下来并且活得很好。我想那就是曾经在草原上学到的最大的功课——面对生命中的暴风雪。”

这个人生的功课是很正确的，难怪牛仔会说这是他人生中有重要意义的一课。所以，面对让你感觉恐惧的事情，不要逃避，也不要顺从，而是要勇敢地面对。在人的一生中，我们会经历很多事情，我们无可避免地会重复地选择是逃避还是面对。面对，会让我们向着前方迈进，而逃避只会让我们原地踏步，甚至后退。

实际上很多恐惧是毫无根据、毫无意义的。有人说，在人的一生中，有92%的人所恐惧的事情从未发生，只有8%的发生了。让我们把恐惧踩在脚下吧！当你感到恐惧的时候，朋友们会劝你不要担心，那只是你的幻想，没有什么可怕的。虽然这种安慰可能会暂时解除你的恐惧，但是我们都很清楚，这并不能真正地帮你建立信心，消除恐惧。

那么，我们该怎样才能避免可怕的事降临呢？

最好的方法是跟潜能连接。潜能拥有无限的能力，若能和潜能接触就可得到其无限力量的供给，并感到很安心。这时候

的自觉程度如果和潜能成正比的话，就可以受到能力的供给。这种自觉并不是靠看书或听到别人谈论就可了解的，而是自己心里必须十分明白已经到什么程度，即整个内心的自觉。

如果我们能和潜能的灵魂协调而生活，那么任何东西都无法从外在来攻击我们。意思也就是把心转换过来，时常往好的方面去想。

如果你是一个在人际关系上不得意的人，那么你也不能抱有“反正我都是不顺利的”坏想法，而是要想着“凡事我一定都是顺利的”。

如果你只是公司里的一名普通职员，你也不能认为自己一辈子就只是一名职员，如果在你的心灵深处播下这颗习惯性的种子，那么将会影响你未来的发展，所以，要脱离这种坏思想，不要恐惧未来，而是要怀揣梦想，相信有一天，自己也会成为董事长。

你要知道，在工作中，当我们遇到困难时，唤醒心中的勇气，会让我们找回自己。

伊尔文·本·库柏是美国最爱尊敬的法官之一，我们在他的成长经历中能获得不少启示。

库柏在密苏里州圣约瑟夫城一个准贫民窟里长大，他的父

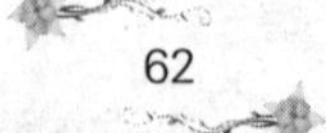

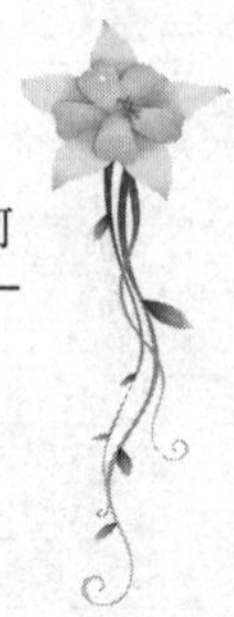

亲是一个移民，以裁缝为生，收入微薄。

为了家里取暖，库柏常拿着一个煤桶，到附近的铁路去拾煤块。库柏为必须这样做而感到困窘。他常常从后街溜出溜进，以免被放学的孩子们看见。但是，那些孩子时常看见他。特别是有一伙孩子常埋伏在库柏从铁路回家的路上，袭击他，以此取乐。他们常把他的煤渣撒遍街上，使他回家时一直流着眼泪，所以，库柏总是生活于或多或少的恐惧和自卑的状态中。

但是，命运是公平的，它不会让人一直处于一种压抑的状态，有一天，库柏的人生终于发生了转机。库柏因为读了一本书，内心受到了鼓舞，从而在生活中采取了积极的行动。这本书是荷拉修·阿尔杰著的《罗伯特的奋斗》。

在这本书里，库柏读到了一个像他那样的少年奋斗的故事。那个少年遭遇了巨大的不幸，但是他以勇气和道德的力量战胜了这些不幸，库柏也希望能具有这种能勇气和力量。

库柏读了他所能借到的每一本荷拉修的书。当他读书的时候，他就进入了主人公的角色。整个冬天，他都坐在寒冷的厨房里阅读勇敢和成功的故事。不知不觉，自己也慢慢具备了积

极的心态。

在库柏读了第一本荷拉修的书之后几个月，他又回到了铁路上，正巧那些坏孩子也迎面而来。他最初的想法是转身就跑，但很快，他就想起了他所钦佩的书中主人公的勇敢精神，于是他把煤桶握得更紧，一直向前大步走去，犹如他是荷拉修书中的一个英雄。

这是一场恶战。三个男孩一起冲向库柏。库柏丢下铁桶，坚强地挥动双臂进行抵护，使得这三个恃强凌弱的孩子大吃一惊。库柏的右手猛击到一个孩子的口唇和鼻子上，左手猛击到这个孩子的胃部。这个孩子便停止打架，转身溜了，这也使库柏大吃一惊。

与此同时，另外两个孩子正在对他进行拳打脚踢。库柏设法推走了一个孩子，把另一个打倒，用膝部猛击他，而且发疯似的连击他的胃部和下颚。现在只剩下一个孩子了，他是他们的头儿。他突然袭击库柏的头部，库柏设法站稳脚跟，把他拖到一边。两个孩子站着，相互凝视了一会儿。然后，这个孩子们的头儿一点一点地向后退，也溜走了。库柏拾起一块煤，投

向那个退却者，这也许是在表示他正义的愤慨。

当一切结束时，库柏才知道他的鼻子在流血。他的周身由于受到拳打脚踢，已变得青一块紫一块了。但是，这对于库柏来说是非常值得的。库柏的胜利，不是因为库柏并不比一年前强壮了多少，也不是攻击他的人不像以前那样强壮，而是在于库柏自身的心态。他已经不顾恐惧，面对危险而勇敢战斗。在库柏的一生中，这一天是一个重大的日子——他克服了恐惧，战胜了自己，也战胜了敌人。

他决定不再听凭那些恃强凌弱者的摆布。从现在起，他要改变他的世界了，他后来也的确是这样做的。库柏给自己定下了一个定位。当他在街上痛打那三个恃强凌弱者的时候，他并不是作为受惊骇的，库柏将自己想象成荷拉修书中的特罗伯特卡佛代尔，成了一个大胆而勇敢的英雄，在后来的人生道路上，他一直都在勇敢地战斗。

所以说，把自己视为一个成功的形象，有助于打破自我怀疑和自我失败的习惯，这种习惯是消极的心态经过若干年在一种性格内逐渐形成的。此外，还可以把自己设定为可以激励自己的某一形象，它可以是一幅画，一句名言等，这些都可以帮

你改变心态，为你带来一个不同的世界。

因此，充满勇气，你就能比你想象的做得更多更好。在勇于挑战困难的过程中，你就能使自己的平淡生活变成激动人心的探险经历，这种经历会不断地向你提出高标准，不断地奖赏你，也会不断地使你恢复活力和满怀创造力。

消除嫉妒心理

嫉妒是一种难以公开的阴暗心理。在日常工作和社会交往中，嫉妒心理常发生在一些与自己旗鼓相当、能够形成竞争的对手身上。嫉妒是一种不健康的心理，如果严重了就会影响到身心的健康、正常的生活和事业的发展。

例如，当你的同事因为工作业绩比较突出而受到了领导的嘉奖，还得到了提升，别人都过去称赞和表示祝贺，而你却木呆呆地坐在那里一言不发。由于心里嫉妒对方，事后还会对人说起他的缺点和不好之处。如果对方知道了，再如法炮制，以牙还牙。如此恶性循环，必然影响双方的事业发展和身心健康。

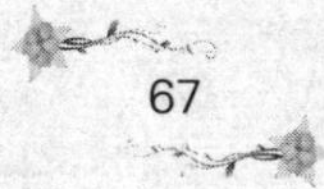

男人40岁的时候，正值壮年，但是，郭先生的身体状况不大好，动辄失眠，心跳过速，一个七尺高的壮年男子汉却干不了多少力气活儿。

郭先生到医院进行全面的身体检查，也没有查出什么大毛病。时间长了，医生才逐渐发现郭先生的心理状态有些不正常，他对周围人的那种强烈的嫉妒心使得他的健康受到了一定程度的影响。这里且不分析他之所以“见不得别人比他强”的思想缘由，单就其结果对郭先生身体的伤害来讲，就足见嫉妒心理的严重危害性。可见，西方国家将嫉妒与麻风病相提并论是有道理的。

工作及社交中，嫉妒心理往往发生在双方及多方，因此要注意自己的性格修养，尊重与乐于帮助他人，尤其是自己的对手。这样不但可以克服自己的嫉妒心理，而且可使自己免受或少受嫉妒的伤害，同时还可以取得事业的成功，又感受到生活的愉悦，何乐而不为呢？

出色的人免不了受到他人的嫉妒，甚至会对你心怀敌意，有些人对别人的嫉妒和敌意情绪激动、表现失态，这不是好的表现。对于嫉妒和敌意应该坦然、毫不在意地面对，这会给

你很多的好处。一个人应该养成广博的心胸，这会成就你的一生。当别人诽谤你的时候，你应该以德报怨。别人说你的坏话，你应说他的好话。这种品德特别值得人们赞美。这是富有智慧和才德的表现，如此，谣言和毁谤也会不攻自破。你的每一次成功都是对那些希望你倒霉的人的沉重打击。你的荣誉成为折磨他们的炼狱。让自己取得更多的成绩，这是对那些对你怀有敌意和嫉妒的人的最好的惩罚。

善于嫉妒的人心胸狭窄，他们会因为你的成功而无法得到心理的安宁。你取得的荣誉和成绩可能会杀死他们。遭受到别人诽谤的人美誉满身、青史留名，这是对嫉妒他人的人永远的惩罚。这样你会永远生活在荣耀之中，而诽谤嫉妒你的人却会一直遭受到自我的惩罚，他的内心深处充满了嫉妒和仇恨的感情，永远也无法获得安宁。

北大物理系的一位女研究生，将同宿舍的一个同学推上了被告席。虽然原告与被告以前关系不错，是该系的姐妹花，但是两人的成绩不相上下，因此彼此又在暗中较劲。大三的时候，两人都参加了托福和CRE考试。原告成绩较理想，遂向美国一所著名大学提出申请，不久被告知每年可获得近2万美元的奖学金。原告高兴万分，等着对方的正式录取通知书。被告考

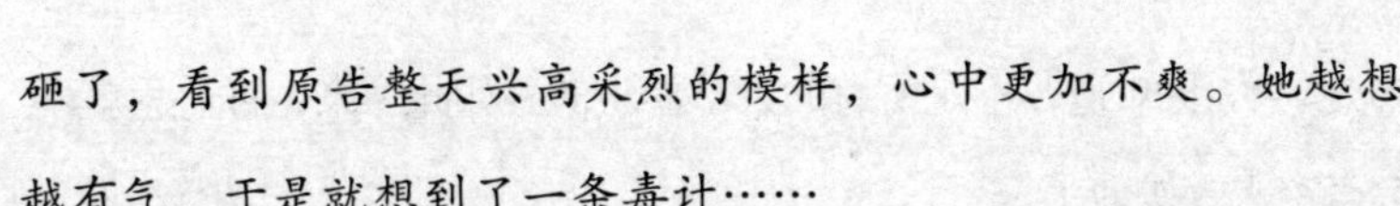

砸了，看到原告整天兴高采烈的模样，心中更加不爽。她越想越有气，于是就想到了一条毒计……

原告左等右等，迟迟不见正式通知的光临，就托在美国的同学去该校打听，校方说曾经收到她发来的一份电子邮件表示拒绝来该校，因此校方只好将名额转给别人。原告闻此消息，如五雷轰顶，怎么也没想明白这到底是怎么回事。

为了弄清事情的真相，她经过多方调查，才发现是被告盗用了她的名义在心理系的机房给美国的大学发了一封拒绝函。原告非常气愤，忍无可忍之下，怀着愤怒的心情，将此事诉诸法庭。

因为嫉妒，一个人耽误了另一个人的前程，同时也断送了自己的前程。所以，嫉妒是非常可怕的一种心理，害人害己。

嫉妒心理在人类社会普遍存在。但是嫉妒并不是洪水猛兽，经过适当的引导反而会成为你积极上进的一种不可忽视的动力。那么，我们该如何克服嫉妒心理，或者说如何正面引导嫉妒情绪呢？

首先，我们应该多想想别人好的一面，尤其是那些容易招致嫉妒的成功人士。喜欢一个人不仅因为他是什么人，最重要

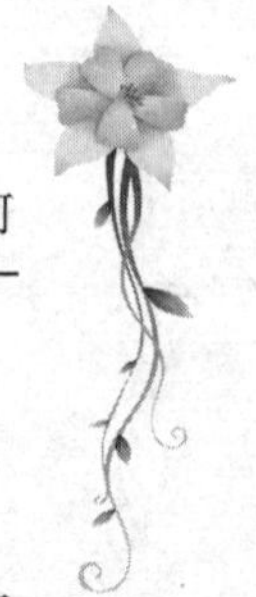

的是，你要知道，不是所有的人都喜欢他。如此一来，你心里就不会有空去嫉妒他了。

其次，让自己对一些有传染性的字眼产生免疫力。例如嫉妒。想想你手臂上或者大腿上的疤痕，它就是你的疫苗，使你不会嫉妒他人，或者成为他人嫉妒下的受害者。

再次，为了戒除某个坏习惯，方法就是用好习惯来限制它。你也可以用同样的方法来对付这个毛病，也就是用别的字眼来取代这些恶毒的字。例如，在你的想法里，当你看到别人的成就和成功时，将嫉妒换成赞赏或化为高兴。

最后，经常设想自己应该做什么，而不是去想别人做了什么。如果别人获得的成就当之无愧，就想想怎么做才能使自己跟他们一样，而不是嫉妒他们已有的成就。

总之，如果被嫉妒心理困扰，难以解脱，一定要控制自己，要认清其危害性，不做伤害对方的过激行为。然后不妨用转移的方法，让自己做一些既感兴趣又繁忙的事情，就会渐渐淡化嫉妒心理。

把心中的情绪宣泄出来

如果我们碰到什么难题时，就找一个能够信任的人，无论他是你的亲戚，或是朋友，跟他约好一个时间，在你们喜欢的地点，然后对那个人说：“我希望得到你的忠告。”这将会给你带来意想不到的收获。

在美国波士顿有这样一个不同寻常的医学课程，参加的病人在进场之前都要进行定期和彻底的身体检查。可实际上，这个课程是一种心理学的临床试验，虽然课程正式的名字叫作应用心理学，其真正目的却是治疗一些忧虑而病的人，而大部分病人都是精神上感到困扰的家庭主妇。

为什么会开设这么一种专门为忧虑的人所准备的课程呢？

1930年，约瑟夫·普拉特博士注意到，很多到波士顿医院求诊的病人，他们的生理上根本没有毛病，可是他们却认为自己有某种病的症状。

有一个女人的两只手，因为“关节炎”而完全无法使用，另外一个女人则因为“胃癌”的症状而痛苦不堪。其他有背痛的、头痛的，常年感到疲倦或疼痛。他们真的能够感觉到这些痛苦，可是经过最彻底的医学检查之后，却发现这些女人没有任何生理上的疾病。很多老医生都会说，其实她们的病在她们的脑子里——完全是因为心理因素引起的。

可是，普拉特博士却了解到，仅仅告诉那些病人回家之后把这件事忘掉根本就无济于事。他知道这些女人大多数都不希望生病，要是她们的痛苦那么容易忘记，她们也就不用这么难受和痛苦了。

虽然医学界的很多人都对普拉特博士开这个班深表怀疑，但却有意想不到的结果。开班18年来，成千上万的病人都因为参加这个班而“痊愈”。有些病人到这个班上来上了好几年的

课——几乎就像上教堂一样的虔诚。

那么，普拉特博士究竟是如何做到这一点的呢？

这个班的医学顾问罗斯·希尔费丁医生认为，减轻忧虑最好的药就是“跟你信任的人谈论你的问题，我们称之为净化作用。”

她说：“病人到这里来的时候，可以尽量谈她们的问题，一直到她们把这些问题完全赶出她们的脑子。一个人闷着头忧虑，不把这些事情告诉别人，就会造成精神上的紧张。我们都应该让别人来分担我们的难题，我们也得分担别人的忧虑。我们必须感觉到世界上还有人愿意听我们的话，也能够了解我们。

“在心理学上，所谓的心理分析其实完全可以理解为以语言的治疗功能为基础。从弗洛伊德的时代开始，心理分析家就知道，只要一个病人能够说话——单单只要说出来，就能够解除他心中的忧虑。为什么呢？也许是因为说出来之后，我们就可以更深入地看到我们面临的问题，能够找到更好的解决方法。没有人知道确切的答案，可是我们所有的人都知道，当我们心中的不快和痛苦诉说出来，就会感觉好很多，整个人也会觉得轻松不少。

“也许旁观者清可以看到你自己所看不见的角度，而且即

使你不能做到这一点，只要你坐在那里听我谈谈这件事情，也等于帮了我很大的忙了。”

把心事说出来，这是波士顿医院所安排的课程中最主要的治疗方法。下面给你一些你完全在家也可以做到的方法，来帮助你做到这一点：

（1）不要为别人的缺点太操心。

（2）准备一本“供给灵感”的剪贴簿,你可以贴上自己喜欢的令人鼓舞的诗篇，或是名人格言。往后，如果你感到精神颓丧，也许在本子里就可以找到治疗方法。

（3）避免紧张和疲劳的唯一途径就是放松。

（4）今晚上床之前，先安排好明天工作的程序，这可以使你更有效率地完成每天的工作，减少忧虑的产生。

（5）要对你的邻居有兴趣，对那些和你在同一条街上共同生活的人，有一种很友善也很健康的兴趣。这样你就拥有很多可以谈心的对象和话题了。

当然，除了倾诉，还有很多其他的方式来发泄心中的忧虑和不快。

有一次，李女士的双肩突然产生疼痛，接连痛了两天。起先，她以为它自己会好，不去理它，但几天了，疼痛依然。最

后，她只得坐起问自己："究竟是什么不妥？怎么会老是这么痛？"感觉像火烧一样，那种滋味令她难受，她意识到自己的疼痛，一定是由怨恨引起的。

但是她不知道自己的怨恨从何处产生。于是，她便将床上的两个大枕头，拿来出气——用力地捶打那两个大枕头。当她捶打了十多下的时候，她忽然明白了自己为什么会有怨恨，于是她继续、更大力地不断捶打那对大枕头。当她打完以后，感觉自己舒服多了，跟着，她的双肩居然没有再痛了。

很多人不知道宣泄的好处，只会郁闷；很多人都为了以往发生的事，到目前都不快乐。他们不快乐的原因，是因为在过去没有做某一件事，或做错了某一件事；也有因为以往曾拥有过东西，现在失去了，所以很不快乐；他们有的曾经在一次恋爱中被伤害过，直到以后仍旧不愿接受爱情；他们以往遇到不愉快的事，就认定这些不愉快的事还会卷土重来。然而，这些都只是在无谓地自我惩罚，根本没有必要。

从现在开始，每当你感到忧虑，就把它发泄出来吧！我们只有学会发泄心中的不快，才能像扔掉不断压在身上的包袱一样，让自己轻装前行，这样才能在人生之路上越走越远。

第三章

生活就是哭着生，笑着活

意志力的力量

在人际交往中，常常存在意志力的较量。不是你影响它，就是它影响你，所以，如果我们想成功，就一定要培养自己的影响力，只有影响力大的人才可以成为最强者。

在第二次世界大战期间，斯大林在军事上最倚重的人有两个：军事天才朱可夫元帅和总参谋长华西里耶夫斯基。

晚年的斯大林逐渐变得独裁，“唯我独尊”的个性使他不允许有人比他高明，更难以接受下属的不同意见。提出正确建议的朱可夫曾一度被斯大林赶出了大本营，但有一人例外，他就是华西里耶夫斯基，他的妙招之一便是潜移默化地在休息中

对斯大林施加影响。

华西里耶夫斯基喜欢同斯大林“闲聊”，并且往往还会“不经意”地“随便”说说军事问题，即非郑重其事地大谈特谈，也不是讲得头头是道。由于受了启发，等华西里耶夫斯基走后，斯大林往往会想到另外一个好计划。过不了多久，斯大林就会在军事会议上宣布这一计划。

华西里耶夫斯基在和斯大林交谈时，有时会有意识地犯一些错误，让斯大林有机会去纠正错误，表现其英明，然后把自己最有价值的想法含混地讲给斯大林，由斯大林形成完整的战略计划公开“发表”。应该说，斯大林的许多重要决策就是这样产生的。

这就是意志在交际中的体现，其实就在我们身边。

在现实世界中，很少人能离廾与他人的合作。那么如何才能让他人真诚地与你合作呢？除了现实的利益基础，还要靠出色的影响力和高超的说服力，让别人同意你的看法，或者按照你的计划去行事。

而下面这些历史事实证实在人类的生活空间，绝对意志是存在的。

约翰·班扬因其宗教观点而被关入贝德福监狱，在那里他写出《天路历程》；雷利爵士在身陷囹圄的13年中写出了《世界历史》；马丁·路德被羁押在瓦尔特堡时译出了《圣经》。

托马斯·卡莱尔的《法兰西革命》一书的手稿被朋友的仆人不慎当成了引火之物，然而卡莱尔只是平静地从头又写出一部《法兰西革命》。

瓦尼·格林斯基17岁时是一名出色的运动员，他想从事足球或冰球而出人头地。他最初被告知体重不够。172磅是标准体重，而他只有120多磅，会在冰球场被淘汰的。

赛拉·霍兹沃斯10岁时双目失明，但她却成为世界上著名的登山运动员。1981年她登上了瑞纳雪峰。

赛乌斯博士的处女作《想想我在桑树街看到的》被27个出版商拒绝。第28家出版社——文戈出版社，出版了该书并售出600万册。

当艾利斯·赫利还是一个尚未成名的文学青年时，在4年中他每周都能收到一封退稿信。后来艾利斯几欲停止写作《根》这部著作，并自暴自弃。如此9年，他感到自己壮志难

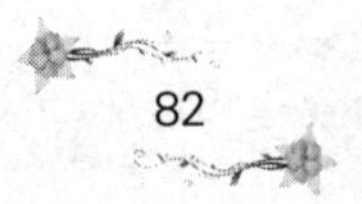

酬，于是准备跳海，了其一生。当他站在船尾，看着波浪滔滔，正欲跳海，忽然他听到所有的先人都在呼唤：“你要做你该做的，因为现在他们都在天国凝视着你，切勿放弃！你能胜任，我们期盼着你！”在以后的几周里，《根》的最后部分终于完成了。

作家威廉姆斯·肯尼迪曾著述多篇，但均遭出版商冷遇。直至他的《铁人》一书一举成名。然而就是该书也曾被13家出版社拒之门外。

里查德·贝奇只上了一年大学，之后接受喷气式战斗机飞行员的培训。20个月后他羽翼初丰，却辞了职。后来他在一份航空杂志社任编辑，旋即破产。失败接踵而至。当他写出《美国佬生活中的海欧》一书时，他仍然觉得前途未卜。书稿搁置8年之久——其间被18家出版社拒之门外。然而出版之后即被译成多国文字，销量达700万册。里查德·贝奇也因此成为享有世界声誉的受人尊重的作家。

1962年，4名少女梦想开始专业歌手的生涯。她们先是在教堂中演唱并举办小型音乐会，接着又灌制一张唱片，但销路极

差。第3张、第4张、张5张直至第9张唱片都未能走红。1964年，她们因《侦探克拉克的表演》而小有名声，但这张唱片也是订货寥寥，收支仅仅持平。那年年底，她们录制了《我们的爱要去何方》，结果荣登金曲排行榜榜首。黛安娜·罗丝及其“超级者”组织开始赢得国人的认可，引起乐坛轰动，声名鹊起。

《心灵鸡汤》在海尔斯传播公司受理出版之前也曾遭33家出版社的拒绝。全纽约主要的出版商都说：“书确实好得很，但没有人爱读这么短的小故事。”然而现在《心灵鸡汤》系列在世界范围内售出了1700万册，并被译成20种文字。

1935年，《纽约先驱论坛报》发表的一篇书评把乔治·格斯文的经典之作《鲍盖与贝思》评论为“地道的激情的垃圾”。

1902年，《亚特兰蒂克月刊》诗歌版编辑退还了一位28岁诗人的作品，退稿上写：“我们的杂志容不下你如此热情洋溢的诗篇。”那个28岁的诗人叫罗伯特·普希金。

1889年，罗迪亚特·开普林收到了圣佛朗西斯科考试中心的如下拒绝信：“很遗憾，开普林先生，但你确实不懂得如何使用英语这种语言。”

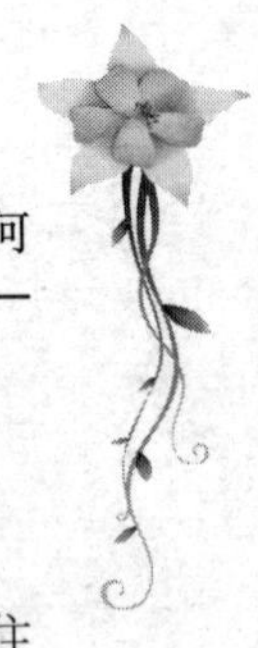

在上述些事例中所涉及的每一个人物，都是凭借意志扼住命运的咽喉，后来居上，拼搏出一番令人瞩目的成绩。也就是说，意志的世界填充着无数鲜活的面孔，他们构成意志的实际内容，一遍遍地证明着意志的存在，一遍遍地在展示着意志的力量，充实着意志的内涵。

所以，我们有理由相信，意志是人类所有优秀品质的精华，是超脱于曾经的是非成败之后而主导一切的真实存在。它可以激励我们充满渴望地去找寻并拥有自己的梦想，让我们在生活中实现自我。

强烈信念成就意志

意志是一张桌子，行动是桌子上放置的沉重物品。

意志的三个等级：游移的、肯定的以及强烈的。

第一个等级：游移的意志。

游移的意志是这张桌子的桌腿，它很不牢靠，摇摇晃晃的，一不小心就会把放置在上方的东西摔碎。

第二个等级：肯定的意志。

肯定的信念是一张更大的桌子，放置更多的东西，但是桌面大不代表就结实。一旦产生怀疑，桌子一样晃得厉害。

第三个等级：强烈的信念。

这是意志的极致。表现为对一个念头抱着近乎至死方休的强烈程度。这就相当于一个十分结实的桌子，不论你放多少东西在上边，它依然稳稳当当。当个人拥有强烈的意志力量时，坚信而不动摇，可以牢靠地承载行动的压力，没有一丝怀疑。

信念是意志的萌芽，只有强烈的信念才能孕育坚强的意志！

信念是强大的推动力，能够对我们产生很大的动力。据专家研究指出，如果把正确的信念提升到强烈的地步，人的成功概率会更高。

对于一个拥有某种梦想的人来讲，如果他成天在想，若是有一天能拥有一台奔驰该多好，这可能是个游移的意志。可是他若千方百计地赚钱，把自己每一分能节省下来的钱都用在买奔驰上，他就有可能拥有一台自己的跑车了，没有强烈的信念是不可能成功的。肯定的信念跟强烈的意志的不同之处在于是否有行动的意愿。

事实上，一个具有强烈意志力的人对于所相信的必然很执着。为了达成这个信念，他们不怕被人三番五次地拒绝，也不怕被人讥笑是个傻瓜。

戴尔电脑公司，《财富》评出的全球500强企业，它占前一百位，戴尔公司的企业宗旨就是：“只有偏执狂才能生

存。”他们尤其要求员工有强烈的信念，不达目的决不罢休。这也正是如今很多公司企业，都要求员工培养强烈的企图心，培养强烈的信念——“只有不相信，没有不可能”，让信念推动一切的原因。

一位长跑爱好者，不论严寒酷暑、刮风下雨，每天早上都会进行5公里慢跑。他的晨跑总是坚持着。

但是，知情人知道，在这之前，他十分厌恶早起，每天早晨都赖在被窝里为起床作着激烈的思想斗争。他总是使出吃奶的劲头，才勉强把自己从被窝里拽出来。真的，你也许会有同感，早上在床上的每一分钟都是那样让人珍惜，很多次他都又迷迷糊糊地打上几个盹儿。他也同样不喜欢跑步，尤其是长跑，觉得它又艰苦又乏味，还会让人腰酸背痛，浑身酸痛。那么，是什么改变了他呢？

原来是得益于他祖父的一番教诲。

祖父告诉他：“为了成为一位‘行动者’，一定要做到自律。不论我做什么，也不论我多么努力，如果我不能做到掌握自己，那么，将永远不能发挥出自己最大的潜力。”

这个后来的长跑爱好者听从了祖父的建议，并选定了晨跑

这件对身体有好处，但是又那么艰苦的差事，开始亲身实践祖父的“磨炼法则”。

他的转变非常缓慢。每天的早起，只能得到腰酸背痛的奖励，有时还会感到无比的畏惧，跑不了几步便气喘吁吁，上气不接下气。这样子下去，估计“磨炼法则”对他很难生效了，他的克己自制的目标也渺茫了起来，但唯一牢记心中的是，他必须强迫自己坚持一个月！他做到了，一些意想不到的事情也就开始发生了。

他的身体状况逐渐变好，跑步逐渐变得轻松起来，而且起床对他来说也不那么困难了。一个月过后，跑步这份苦差事似乎不再那么恐怖了，尽管早起仍然有点儿困难，有点儿费劲，但似乎可以克服。

随着时间推移，一切都变得越来越容易，越来越自然。这时，他才开始真正感觉到，原来清晨长跑是一种享受。最终，清晨长跑成了他一个非常自然而然的习惯。

这正如马克·吐温所说：“关键在于每天去做一点儿自己心里并不愿意做的事情，这样，你便不会为那些真正需要你完成的义务而感到痛苦，这就是养成自觉习惯的黄金定律。”

可见，拥有强烈的信念，就能练就坚强的意志，这是成功的开始，更是成功的秘诀。

豁达

豁达是一种高贵的品质，也是一个人为人处世最不可缺少的一种品质。应该说，拥有豁达的心态，可以使你经常处于良好的心理状态，拥有很好的人际关系，也使你的意志免于受到不必要的考验。

美国成人教育专家戴尔·卡耐基，可以说是处理人际关系的“老手”，然而在早年时，他也曾在这方面犯过小错误。

有一天晚上，卡耐基参加一个宴会。宴席中，坐在他右边的一位先生在讲一段幽默故事的时候引用了一句话，意思是“谋事在人，成事在天”。这位健谈的先生同时还说明他所引

用的那句话出自《圣经》。卡耐基立刻就发现他说错了，因为他知道那句话无疑是出自莎士比亚的著作。

为了表现自己的才学，卡耐基很认真地纠正了那位先生的说法，虽然这是一件正确的事情，但是，当着众多人的面，他这样做会让人觉得很尴尬。果然，那位先生的脸面一时挂不住了，便恼怒地反唇相讥："什么？出自莎士比亚？这绝不可能。"

卡耐基还想再继续争辩，此时他的老朋友法兰克·葛孟正坐在他左边，葛孟研究莎士比亚的著作已有多年，于是卡耐基就向他求证。没想到葛孟却说："戴尔，你错了，这位先生是对的，那句话是出自《圣经》。"同时，他还在桌下踢了卡耐基一脚。

那晚回家的路上，卡耐基对葛孟说："法兰克，你明明知道那句话出自莎士比亚。"

葛孟说："是的，那当然。在哈姆雷特第五幕第二场。可是，亲爱的戴尔，我们大家都是宴会上的客人，你为什么一定要证明他错了呢？那样会使他喜欢你么？他并没有征求你的意见，在这个无关紧要的小问题上，为什么不留给他一些面子呢？"

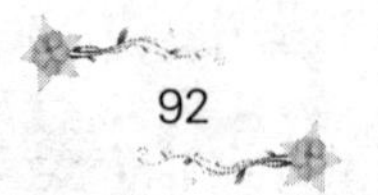

可以想象，卡耐基肯定会为自己的言行感到后悔。因为在一些无关紧要的小错误面前，放过去也无伤大局，那就没有必要去较真，或者去纠正它。古人所说的“难得糊涂”不就是这个道理吗？这不仅仅是为自己避免了不必要的烦恼和人事纠纷，而且也顾及到了别人的名誉，不致给别人带来无谓的烦恼。

一个炎热的下午，一位顾客不小心在下榻的饭店大厅里跌了一跤。炎热的天气本来就使人心烦气躁，现在又当众出丑，顾客不禁怒火高涨，他甚至顾不得上去穿上摔掉的一只鞋，光着脚就闯进了饭店经理的办公室，指着经理大声嚷道：“你们的地板太滑了，刚才害我摔了一跤，现在腰痛得要命！你们必须马上送我去医院检查。”

经理见状，并没有急着分清责任，而是赔着笑脸安抚顾客，并立刻派了车送顾客去医院，还为他找来了替换的拖鞋。等顾客离开办公室后，经理才把顾客换下的鞋子交给服务生，并嘱咐说：“客人的鞋底已经磨得太光滑了，你送到外面的修鞋处修理一下。”

在医院检查之后，那位顾客的身体没有发现任何异常情况。回到饭店后，经理高兴地表示说：“真是万幸，没问题就好！请您

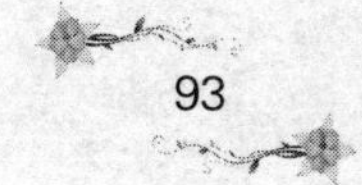

回房间休息吧，我派人给您送些饮料，让您解解暑。”

此时，顾客的态度已经缓和很多了，甚至开始为自己先前的态度和做法感到有些内疚。

过了一会儿，经理拿着已经修好的鞋子，走上楼，对那位顾客说：“请恕我们冒昧，您的鞋子我们已经找人帮您修理了一下，据鞋匠说，鞋底都磨平了，若是穿着它在楼梯上滑倒，那可就太危险了！”

那位顾客接过修好的鞋子，面带愧色，不好意思地说：“其实摔倒了也有我自身的原因，不能只怪你们，刚才给你们添麻烦了，实在抱歉！修鞋的费用我来付，不能让你掏腰包。”

“您太客气了，为顾客服务是我们应该做的。”经理依然笑着说。

从事情发生到现在，经理的态度一直是谦恭有礼，没有半点怨言。顾客感动极了，他紧紧握住经理的手说：“请原谅我刚才的无礼和粗鲁，真是对不起！”

经理的宽容大度赢得了顾客的信赖，可见宽容的力量。从此以后，那位顾客经常与人谈起这件事，他和他所影响的一批人成了这家饭店的常客，而那位经理也与他结为莫逆之交。

豁达的姿态不仅可以用于对别人，在自身碰到困难的时候，也不妨退一步去想，从而体现出广阔的胸怀和宽大的气度。

大海里生活的鱼，不会因遇到一点儿风浪就惊慌失措；而小溪里的鱼就不同了，当感觉到有一点儿异常动静的时候，就会立刻四处逃窜。人也是这样，胸怀狭窄的人没有一点儿气度，一旦遇到一点儿问题和阻碍，又唯恐避之不及；胸襟广阔的人不会这样，他们做事稳重、态度从容不迫，善于把目光投入生活的更深更广处。也只有放得开的人，才可能具备在任何时候都保持心态平衡的能力。

其实，不论在什么情况下，问题都有可能会随时发生，这也是对你的一种考验。如果只会推卸责任、怨天尤人，那只能让自己陷入孤立无援的境地。相反，用宽容和大度的姿态去处理问题、对待别人，才更能赢得尊重。

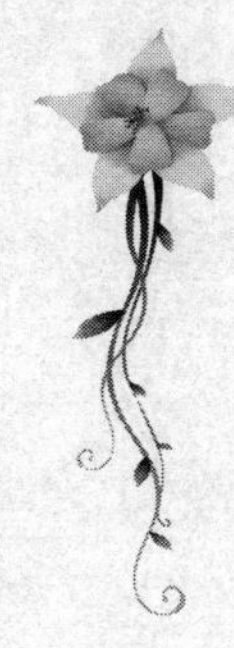

乐观

乐观是一种态度，保持乐观，你才能得到自己想要拥有的，这样才能活得快乐，才能体会到幸福的真谛，才能生活美满。

安徒生有一则名为《老头子总是不会错》的童话，讲述的是这样一个故事：

乡村有一对清贫的老夫妇，有一天他们想把家中唯一值点钱的一匹马拉到市场上去换点更有用的东西。老头子牵着马去赶集了，他与人换得一头母牛，又用母牛去换了一只羊，再用羊换了一只肥鹅，又把鹅换了只母鸡，最后用母鸡换了别人的一大袋烂苹果。

在每次交换中，他都想给老伴一个惊喜。

当他扛着大袋子来到一家小酒店歇息时，遇上两个英国人。闲聊中他谈了自己赶集的经过，两个英国人听得哈哈大笑，说他回去准得挨老婆子一顿揍。老头子坚称绝对不会，英国人就用一袋金币打赌，三人于是一起回到老头子家中。

老太婆见老头子回来了，非常高兴，她兴奋地听着老头子讲赶集的经过。每听老头子讲到用一种东西换了另一种东西时，她都充满了对老头子的钦佩。

她嘴里时不时地说着：“哦，我们有牛奶了！”

“羊奶也同样好喝！”

“哦，鹅毛多漂亮！”

“哦，我们有鸡蛋吃了！”

最后听到老头子背回一袋已经开始腐烂的苹果时，她同样不愠不恼，大声说：“我们今晚就可以吃到苹果馅饼了！”

结果，英国人输掉了一袋金币。

生活得幸福快乐不一定要多富裕，穷日子一样可以过得精致典雅。只要你肯多花一些心思，你的生活一样可以充满滋味。

有一个从黄土高原来的上学青年。他要回一次家，得先坐

火车，然后坐马车，最后是背包步行，总而言之，他的家是常人无法想象的僻远。

他曾讲述过他母亲的故事。他的母亲，是一个在困窘环境中生活着的瘦削美丽的女人。她经常说的话是：生活可简陋，但却不可以粗糙。她给孩子做白衬衫白边儿鞋，让穿着粗布衣服的孩子们在艰辛中明白什么是整洁有序。母亲的言行让他和他的手足们知道，粗劣的土地上一样可以长出美丽的花。

其实，生活的美与丑，全在我们自己怎么看，只要选择了一种积极的心态，懂得用心体会，就会发现生活处处都是美丽动人的。

朱利安是一个对生活态度极度厌倦的绝望少女，她打算以投湖的方式自杀。在湖边她遇到了一位正在写生的画家，画家专心致志地画着一幅画。少女厌恶极了，她鄙薄地看了画家一眼，心想：幼稚，那鬼一样狰狞的山有什么好画的，那坟场一样荒废的湖有什么好画的！

画家似乎注意到了少女的存在和情绪，他依然专心致志神情怡然地作着画，一会儿他说："小姐，来看看画吧。"

她走过去，傲慢地睨视着画家和画家手里的画。

朱利安被吸引了，她从来没见过世界上还有那样美丽的画面——他将“坟场一样”的湖面画成了天上的宫殿，将“鬼一样狰狞”的山画成了美丽的长着翅膀的女人，最后将这幅画命名为《生活》，所以她竟然将自杀的事忘得一干二净。

画家说：“美丽的生活是需要我们自己用心发现！”

相同的生活，以不同的心态去面对也会有不同的结果。所以，保持乐观，以积极的心态投入到生活中去，你会发现世界是如此多姿，生活是如此美好。

消除虚荣心

虚荣心是人类一种较为普通的心理状态。古往今来，男女老少，穷人也好，富人也罢，很少有人能逃脱虚荣心的控制，虚荣心是一种扭曲的自尊心，是自尊心的过分表现，是一种性格缺陷，是一种不正常的社会情感。如果不能收敛、消除虚荣心，那么它将会对我们的工作生活造成种种障碍。

虚荣心的背后通常掩盖着的是自卑与心虚等深层次的心理缺陷。由于自卑，他们对于自己的才能缺乏信心，感到没有凭真才实学、实际才能取得荣誉、博得社会赞誉的能力，但又希望自尊心得到满足，于是自欺欺人地不务实，满足于虚假荣耀。只是一

种补偿作用，竭力追慕浮华，以掩饰心理上的缺陷。

从短期来看，虚荣仿佛是一种聪明；从长远来看，虚荣实际是一种愚蠢。虚荣的人不一定少机敏，却一定缺远见。虚荣的女人是金钱的俘虏，虚荣的男人是权力的俘虏。太强的虚荣心，使男人变得虚伪，使女人变得堕落。

那么，虚荣心是如何表现出来的呢？

第一种：虚荣表现在对自己的态度上。

在生活中，虚荣心的表现是各种各样的，主要有喜欢人家称赞自己美貌，喜欢人家夸奖自己能干，喜欢人家羡慕自己阔气，喜欢人家仰慕自己的地位；同时对具有这些条件的他人很羡慕，直至追求攀比。

第二种：表现在对他人的态度上。

与他人比面子。对人表面热情，内心冷淡。趋炎附势、攀龙附凤，以增加自己脸上的光彩。

热衷于讨好上级、拉关系，当他人取得成绩或在某方面工作超过自己时，内心不悦或不服气，用种种方式诋毁对方。

第三种：表现在工作态度上。

工作中喜出风头，在集体活动中，宁愿不参加也不做配角，一旦取得成绩就贪人之功为己有；不肯埋头苦干，热衷于

追求一鸣惊人的效果，而能力却不怎么样；工作成绩并不突出，却希望得以超过自己实力的赞誉，哗众取宠，偏好表扬；择业不从能力出发，而是为了获得名声。

第四种：表现在对爱情和婚姻态度上。

只重时髦，与别人攀比，实际上并无情意。怕别人说“自己没有人要”，并以恋爱的次数多为荣。

法国文学家莫泊桑著名的小说《项链》，描写了一个虚荣心十足的路瓦裁夫人，她为了在一次宴会上出一下风头，特地从女友那里借来了一条昂贵的钻石项链。当她戴着项链在宴会上出现的时候，引起了全场人的赞叹和奉承，她出足了风头，虚荣心得到极大的满足。不幸的是，在回家的路上，这条钻石项链却丢失了。为了赔偿这条价值3.6万法郎的项链，她付出了10年的艰辛，当债还清时，她才知道，原来那项链是假的，最多值500法郎，这不能不说是对人们的虚荣心的极大的讽刺。

虚荣，很像一个绮丽的梦，其实什么也没有。如此，与其去拥抱一个空空的梦，还不如去把握一点实实在在的东西。

其实虚荣心与人的自卑感和过度的自尊心理是有着一定关系的。人由于自卑，感到自己没有凭借真才实学、过硬本领获

得荣誉、博得社会赞许的能力，但又希望自尊心得到满足，于是自欺欺人地满足于虚假的荣誉。

然而，当你在虚荣心的驱使下，过度追逐那些不切合实际的东西时，你已经错过了展示你真正才华的机会了。所以说，虚荣心是一个人成功的大敌。那么，如何才能克服这种缺点呢？

首先，要有正确的价值观。当你树立了一个崇高的人生目标，就会对低级庸俗的事物倾注心思。历史上许多伟人往往不很看重荣誉本身，但是他们自身的价值却得到了近乎完美的体现。

居里夫人和丈夫认为，科学不是为了求得个人荣誉和私利，而是为人类谋幸福。

一天，她的女友到她家做客，看见她的女儿正在玩一枚英国皇家学会奖给她的奖章，便惊奇地问她：“居里夫人，现在能够得到一枚英国皇家学会的奖章是极大的荣誉，你怎么给孩子玩呢？”居里夫人笑着回答说：“我想让孩子从小就知道，荣誉像玩具一样，只能玩玩而已，绝不能永远守着它，否则将一事无成。”

当居里夫妇发现镭后，为了使之尽快服务于人民，他们不顾生活的艰难，立即公开了提取镭的方法，拒绝申请专利权。

第一次世界大战期间，她把X射线设备装在汽车上，奔走在战场各处巡回医疗，挽救了大批受伤士兵的生命。她长期在条件很差的环境里忘我工作，致使有害物质严重侵害了身体，得了恶性贫血病。即使在生命垂危时刻，对自己充满磨难与不幸的一生，她也没有丝毫抱怨。

1934年，67岁的居里夫人带着一双被镭严重灼伤的手离开了人世。

爱因斯坦称赞说："所有的著名人物中，居里夫人是唯一不为荣誉所腐蚀的人。"

其次，学会正确认识自我。爱好虚荣的人，在与周围各种各样的人的接触中，非常注重人们对自己的态度，他们喜欢想象别人对自己的评价，并以此作为一种客观标准而内化到自己的心里去，从而在这个基础上形成自我形象的建立和认识。这种自我认识的方式，在一定程度上有利于深入认识自己，然而由于缺乏主见和过于依附他人，有时容易无所适从，模糊自己对自己的准确认识，或自卑自贬或盲目乐观。这样极易产生虚荣心理。

所以，我们必须学会正确认识自我，只有充分认识自我

能力及自身状况后，才能极大地发挥自己的能力优势，使自己的行为更加合理、更加适应外界环境和社会需求，克服虚荣心理，正确解决荣与辱这一人生课题，促进身心健康，追求真实的荣誉。

社会上的一切物质和精神财富皆是劳动的创造，“天上掉不下馅饼”，这个道理是很浅显的。

再次，要正确认识环境。虚荣心虽然产生在我们的心里，但它却有着极深远的社会背景。人生活在群体中，当受条件所限，无法使自己比别人强时为了引起普遍注意，为了得到周围人的赞赏和羡慕，采取的一种类似于通过“打肿脸充胖子”的方式来显示自我。

其实过分地看重别人的眼光并不能为你带来什么，当真实显露出来的时候不但痛苦的是你自己，而且还会招来人们的耻笑。

总之，我们不应希望没有经过努力就可以得到财富和荣誉。一切虚假的荣耀因为违背了人类社会的基本准则，因而没有生存基础，不但最终会丧生，而且自己也要受到惩罚，“图虚名，得实祸”是客观规律。只有通过自己的劳动，为社会创造财富，做出贡献，最终得到的荣誉，才是真正的真实可靠。

如果我们想得到人们的尊重与肯定，想让自己过得心安理得，就必须消除虚荣心，这样我们才会拥有一个充实灿烂的人生，我们的世界也会变得简单。

生活就是哭着生，笑着活

生活就是哭着生，笑着活。没有人喜欢整天愁眉苦脸，一副倒霉相，这样的人，不但很少有朋友，也不会取得什么好的成就。因为他们用悲观告诉这个世界，他们注定要与成功的人背道而驰。

只有人类才会笑。我们为什么不珍惜这么难得的待遇呢？

树木受伤时也会流“血”，禽兽也会因痛苦和饥饿而哭嚎哀鸣，然而，只有我们人类才具备笑的天赋，可以随时开怀大笑。

我们有笑的权利，这是上天对我们的恩赐。所以，我们要培养笑的习惯。笑有助于消化，笑能减轻压力，笑，是长寿的秘

方。

也许有人会说，当我遭到别人的冒犯时，当我遇到不如意的事情时，我怎么笑得出来？有一句至理名言，我们都要反复练习，直到它深入我们的骨髓，让我们永远保持良好的心境。这句话就是——这一切都会过去。

世上种种到头来都会成为过去。心力衰竭时，我们安慰自己，这一切都会过去；当我们因为成功洋洋得意时，我们提醒自己，这一切都会过去；穷困潦倒时，我们告诉自己，这一切都会过去；腰缠万贯时，我们也告诉自己，这一切都会过去。是的，昔日修筑金字塔的人早已作古，埋在冰冷的石头下面了，而金字塔有朝一日，也会埋在沙土下面。如果世上种种终必成空，我们又为何对今天的得失斤斤计较？

我们要用笑声点缀今天，我们要用歌声照亮黑夜；我们不再苦苦寻觅快乐，我们要在繁忙的工作中忘记悲伤；我们要享受今天的快乐，它不像粮食可以储藏，更不似美酒越陈越香。我们不是为将来而活，今天播种今天收获。

笑声中，一切都显露本色。我们笑自己的失败，它们将化为梦的云彩；我们笑自己的世界，它们恢复本来面目；我们笑邪恶，它们远离我们而去；我们笑善良，它们发扬光大。我

们要用笑容感染别人，虽然我们的目的自私，但这确是成功之道，因为皱起的眉头会让顾客弃我们而去。

只有在笑声和快乐中，我们才能真正体会到成功的滋味。只有在笑声和欢乐中，我们才能享受到劳动的果实。如果不是这样的话，我们会失败，因为快乐是提神的美酒佳酿。要想享受成功，必须先有快乐，而笑声便是那伴娘。

我们只因幸福而落泪，因为悲伤、悔恨、挫折的泪水毫无价值，只有微笑可以换来财富，善言可以建起一座城堡。

我们不再允许自己因为变得重要、聪明、体面、强大而忘记如何尊重自己周围的一切。在这一点上，我们要永远像小孩子一样，因为只有做回小孩子，我们才能尊敬别人；尊敬别人，我们才不会自以为是。

只要我们能笑，就永远不会贫穷。这也是天赋，我们不再浪费它。向着这个世界微笑吧，我们会拥有更加美好的未来。

第四章

大不了，从头再来

每个人都会经历挫折

人的一生，生下来，活下去，是一个充满各种故事的过程，过程的精彩与否，取决于你的经历如何。要想精彩，就不会尽是鲜花掌声和喝彩，必然会出现一些惊险刺激和磨难。

其实，无论你是否想要活得精彩，你都必须面临一些挫折和打击。无论是在工作还是生活中，人人都会遇到一些阻碍或者坎坷，有些是可以看到的，有些是看不到的。面对失败，需要的是沉着冷静，理性地对待；以失败为镜子，找出失败的原因，跨过去，便是成功。

一只虫子在墙壁上艰难地往上爬，爬到一大半，忽然跌落

了下来。这已经是它第二次失败了。

然而，过了一会儿，它又沿着墙根，一步一步地往上爬了。

第一个人注视着这只虫子，感叹地说：“一只小小的虫子，这样的执着、顽强；失败了，不屈服；跌倒了，从头干；真是百折不回啊！我遭到了一点挫折，我能气馁、退缩、自暴自弃吗？难道我还不如这一只小虫子？”他觉得自己应该振奋起来。他也果断振奋起来了。

这只虫子再一次从墙壁上跌落下来……

第二个人禁不住叹气说：“可怜的虫子！这样盲目地爬行，什么时候才能爬到墙顶呢？只要稍微改变一下方位，它就能很容易地爬上去；可是，它就是不愿反省，不肯看一看。唉，可怜的虫子！看完了虫子，我还是看看自己吧。我正在做的那件事一再失利，我该学得聪明一点，不能再闷着头蛮干一气了——我是个有思维头脑的人，可不是虫子。我该感谢你，可怜的虫子，你启迪了我，启迪了我的理智，叫我学得聪明一些……”

果然，他变得理智而聪明了。

第三个人询问智者：“观察同一只虫子，两个人的见解和判断截然相反，得到的启示迥然不同。可敬的智者，请您说说，他们哪一个对呢？”

智者回答：“两个人都对。”

问者感到困惑，于是又问：“怎么会都对呢？对虫子的行为，一个是褒扬，一个是贬抑，对立是如此鲜明。然而您却一视同仁，您是好好先生吗？你是不愿还是不敢分辨是非呢？”

智者笑了笑回答道：“太阳在白天放射光明，月亮在夜晚投洒清辉——它们是‘相反’的；你能不能告诉我：太阳和月亮，究竟谁是谁非？假如你拿着一把刀，把西瓜切成两半——左右两边是‘对立’的。你能不能告诉我：‘是’和‘非’分别在左右的哪一边？世界并不是简单的‘是非’组合体。同样观察虫子，两个人所处的角度不同，他们的感觉和判断就不可能一致，他们获得的启示也就有差异。你只看到两个人之间的‘异’，却没有看到他们之间的‘同’：他们同样有反省和进取的精神。形式的差异，往往蕴含着精神实质的一致。表面的相似，倒可能掩蔽着内在的不可调和的对立。好，现在让我来

问一问你：你的认识，和我的认识，究竟谁是谁非？”询问者羞愧地笑起来。

在这个故事里，我们学到了一个看似很简单但是却很珍贵的道理——当我们遇到困难的时候，一定要找准问题的关键所在，正确认识错误，只有这样才能走向成功。

“当你把所有的错误都关在门外，真理也就被拒绝了。”这是泰戈尔哲理诗中的一句名言。这句话意味深长且让人深省，向世人揭示出错误与失败有着不菲的财富。换句话说，失败也是一种财富。

假如你吃了一百次闭门羹，那么希望就在第一百零一扇门里。

下面是一个大学毕业生的找工作经历：

他第一次面试，也是他记忆最深刻的一次面试。

那天，他揣着一家著名广告公司的面试通知，兴冲冲地提前10分钟到达了那座大厦的一楼大厅。当时他很自信，他专业成绩好，年年都拿奖学金。广告公司在这座大厦的18楼。这座大厦管理很严，两位精神抖擞的保安分立在两个门口旁，他们之间的条形桌上有一块醒目的标牌写着“来客登记”。

他上前询问："先生，请问1810房间怎么走？"保安抓起电话，过了一会儿说："对不起，1810房间没有人。""不可能吧！"他忙说道，"今天是我们面试的日子，您瞧，我这儿有面试通知。"那位保安又拨了几次："对不起，先生，1810还是没人，我们不能让您上去，这是规定。"

时间一秒一秒地过去，他心里虽然着急，也只有耐心等待了。可是10分钟后，保安又一次彬彬有礼地告诉他电话没通。当时，他压根儿也没想到第一次面试就吃了这样的"闭门羹"。面试通知明确规定："迟到10分钟，取消面试资格。"他犹豫了半天，只得自认倒霉地回到了学校。

晚上，他收到一封电子邮件，只见上面写道："先生您好！也许您还不知道，今天下午我们就在大厅里对您进行了面试，很遗憾，您没通过。您应当注意到那位保安先生根本就没有拨号。大厅里还有别的公用电话，您完全可以自己询问一下。我们虽然规定迟到10分钟取消面试，但您为什么在别人帮助未果的情况下不再努力一下呢？为什么要自动放弃呢？祝您下次成功！"

我们常说：“失败乃是成功之母。”这似乎已成了当今人常说的一句话，但行动和言语有时是不相一致的。当你的业绩单上出现“红灯”，或是在工作中遇到困难时，你的心中是否除了沮丧，别的可能一无所有？你是否意识到这失败之中孕育着成功的种子呢？或是成功的财富？对此，每个人的回答肯定不相同。在此颇有必要谈谈：失败是成功之母。

众人皆知伟大的发明家爱迪生，虽然他一生的成功不计其数，但是他一生的失败比成功更多。他曾为一项发明经历了八千次失败的实验，可能他人觉得他既浪费了时间又浪费了精力，但是他却并不以为这是个浪费，而是说：“我为什么要沮丧呢？这八千次失败至少使我明白了这八千次实验是行不通的。”这就是伟人对待失败的态度。他总是从失败中吸取很多教训，总结不成功经验，从而取得一项项建立在无数次失败基础之上的发明成果。失败固然会给人带来巨大的痛苦，但更能使人有所收获；它既向我们指出工作中的错误缺点，又启发我们逐步走向成功。失败既是针对成功的否定，又是成功的基础，所以才这么说：“失败是成功之母。”

所以，世上根本没有一帆风顺的事。展望历史，那些出类拔萃的伟人难道不是从无数失败中获得成功的吗？如果人人都

惧怕失败，那么那些“发明家”“文学巨人”“科学家”“创新者”的美名岂不是轻易地落到每个人的头上去了？伟大的人物之所以会取得成功，是因为他们能正确看待失败，从失败中获取进步，从而踢开失败绊脚石，踏上了成功的道路。

失败并不可怕

失败到来时，每个人所采取的应对方式会有所不同。如果你被失败所击倒，从此一蹶不振，继续失败下去，那么你将永远和成功失之交臂。当然，也有人没有因一时的失败而倒下，而是挺起胸膛，坚持勇敢地往下走，那么，这样的人一定是未来的成功者。

失败并不可怕，也没什么大不了的，重要的是我们如何面对失败，我们要不气馁，不灰心，不屈不挠、继续努力。谁能做到这一点，谁才有希望成功，否则这辈子都会与成功绝缘。

年轻时的瑞秋先生曾在俄亥俄州的美孚石油公司做事。

一次，他需要到密苏里州的茨堡玻璃公司去安装一架瓦斯清洁机，为的是要清除瓦斯里的杂质，使瓦斯燃烧时不至于损伤引擎。这是一种新的清洁瓦斯的方法，过去也曾试验过。可是他在密苏里州安装的时候却遇到了许多事先没有料到的困难，令他有些措手不及。经过一番努力之后，虽然机器勉强可以使用，但是远远没有达到他们保证的效果。对于这次失败，瑞秋先生感到十分懊恼，他觉得好像有人在他头上重重地打了一拳。他烦恼得简直无法入睡，感觉全身都是疼痛的。

冷静之后，他意识到烦恼不能解决问题。于是想出了一个消除烦恼的方法，结果效果显著。这个方法非常简单，可以分三个步骤：

第一个步骤：不要惊慌失措，冷静地分析整个情况，找出万一失败可能发生的最坏情况。

瑞秋先生当时分析道："没有人会把我关起来，或者把我枪毙，这一点我有把握。充其量不过丢掉差事，也可能老板会把整个机器拆掉，使投下的2万块钱泡汤。"

第二个步骤：找出可能发生的最坏情况，让自己能够接受

它。瑞秋先生对自己说："我也许会因此丢掉差事，那我可以另找一份差事；至于我的老板，他们也知道这是一种新方法的试验，可以把2万块钱算在研究费用里。"

第三个步骤：有了能够接受最坏的情况的思想准备后，就平静地把时间和精力用来试着改善那种最坏的情况。

后来，不再烦恼的瑞秋先生做了几次试验，终于发现，如果再多花5000块钱加装一些设备，就可以彻底解决问题了。他们照这样做了，结果公司赚了15000块钱。

瑞秋先生后来回忆说："如果我当时一直烦恼下去，恐怕就不可能做到这一点了。唯有强迫自己面对最坏的情况，在精神上先接受了它以后，才会使我们处于一个可以集中精力解决问题的位置上。"

其实，我们大家都可以尝试瑞秋先生面对失败消除烦恼的方法，只要我们有梦想，不停止奋斗，想成就一番事业，我们就可以尝试，也许成功的就是我们。

人们总是期待着成功，但是成功不是唾手可得的，也不是一蹴而就的，要知道，成功者的道路往往是由失败铺成的，经历了失败，甚至经历了无数次失败，我们也一定能迎来伟大的成功。

丘吉尔是英国前首相、世界著名的政治家，他的伟大是世界公认的。在学生时代，他并没有取得什么成绩，老师认定他以后不会有出息。被迫无奈之下，父亲只好送他到军校，军队的生活使他开阔了视野，增长了知识，从此，他走上了政治舞台。

在20世纪，丘吉尔是伟大的政治家和演说家。刚开始演讲时，他一点儿也不顺利，有好几次都狼狈地失败了。于是，他废寝忘食地背演讲稿，反复练习，生怕会出错，可是却越怕越心慌。在遭到最后一次惨败后，他干脆放弃背演讲稿，从不怕笑话、不怕失败开始，他演讲得反倒很成功。

丘吉尔曾几次竞选首相失败，但他毫不气馁，仍然像“一头雄狮”那样去战斗，最后果真取得了成功。他说过：“我想干什么，就一定干成功。”

他是一个曾被人们认为平淡无奇而又多次失败的人，如果他畏惧失败，历史上便不会有著名的丘吉尔。

在我们的生活和工作中，当我们的建议不被采纳、好心办错事、不被旁人理解，以及革新不成、经商折本、务农遇天灾，恋爱失败、夫妻不和、家庭破裂，等等，各种各样的打击随时都可能降临到头上。所以，不能把生活设想得一帆风顺，

失败随时可能会光顾，我们必须有勇气直接面对。

在人生道路上，失败是不可避免的，如果一个人坚信自己能够成功，那么他是不畏惧失败的。如果一个人有害怕失败的心态，那么他注定会失败。人生必有坎坷，对每一个追求成功的人来说，不怕失败比渴望成功更加重要。纵观历史，那些出类拔萃的伟人，之所以会取得成功，不是因为他们有超常的智能，也不是因为他们不曾失败过，而是因为他们是不怕失败的人，他们是经历失败最多的人。

很多人都羡慕比尔·盖茨、戴尔等人物，甚至将他们视为自己的榜样和偶像。但在现实世界里，盖茨、戴尔这样的幸运儿毕竟是少数或者是极少数。而且，他们在创造财富的过程中也都遇到过失败和挫折。只是他们并没有对自己失去信心，而是朝着既定的方向不懈地追求着，最终走向了成功的顶峰。

因此，在失败面前，我们不但要学会笑对失败，还要对未来充满信心。拿破仑·希尔曾说过："失败是大自然对人类最严格的考验，命运之轮在不断旋转，如果它今天带给我们的是悲哀，那么明天它将为我们带来喜悦。"

总之，接受失败，笑对失败，不懈努力，我们必将享受成功的喜悦。

失败并不意味着结束

对于悲观的人来说，失败就意味结束，就意味着没有任何希望。但是，对于那些乐观的人来说，失败是一个跳板，他们能够笑对失败，把失败看成是新的开始，向着更高的目标奋勇前进。

每个人都有失意、受到挫折的时候。在失意中，你是否懂得反省自己的过失，重新站起来，或者是一路消沉下去？记住：从失败中吸取教训，振作精神，发愤图强，一切还得靠自己，没有人帮得了你。下面是专家总结的几项使自己振作的方法：

1. 读一些励志故事，找出值得效法的楷模

励志故事中有许多值得我们敬仰的人，他们是富兰克林、爱迪生，也可以是林肯……不管是谁，他们一定有值得做楷模之处，他们也一定曾用过功，受过挫折、付出过代价，但最终取得了令人瞩目的成就。和他们比起来，目前自己一时的失败又算得了什么？

2. 发掘自己的“成功记录”

每天找出四件事是自己做成功的。不要把“成功”看成登陆月球那么大的事，成功可以是没有忘记按时交纳电话费、上班交通一路畅顺，处理的文件档案没有一次出错等。日常功课都可以有“成功”“挫折”之分，一旦至少顺利地做了4件事，又怎能说“一事无成”“一无是处”呢？能把事情做好，就等于对自己能力的肯定，就应该振作精神。

如果老想着还有很多事没做，便会愈加沮丧，真的会觉得自己低能，无效率，大为失意。但已经做妥的工作开列出来，就是一张长长的单子，能力还真的高呢。这样想，立即便自信大增，不会萎靡。

3. 树立自信心，对自己说我能行

每个人都祈求成功，但是最终只有对自己充满自信的人，

才能有幸到达成功的彼岸。知识、技能的储备是自信的基础，具备了足够的知识和实际能力，自信就会发自内心，不必强装。否则，越是显得自信，就越是不自信。面对困难，我们应大声地对自己说："我能行！"积极地迈出第一步。

4. 不要低估自己

世界由两种人组成：一种是领导者，一种是被领导者。只要你生活在这个世界，你就必须做出选择。如果你想成就一番大事业，你就必须树立你就是领导者的信念。否则，你就只配做一个追随者。

能否成为领导者，就看你有没有成为领导者的想法和信念。

记住，要成功就要树立起你就是领导的坚强信念，只有你树立起了你就是领导的坚强信念，追随者才会心甘情愿地追随你。这正如英国著名评论家海斯利特所说："低估自己者，必为别人所低估。"一个敢于站在历史和时代潮流头上的人，他那永远立于不败之地的秘诀无非就是从不低估自己能力的自信。如果你认为此事办不成，那么工作起来时本来能办得到的事，结果也就办不成。相反，本来没有指望的事，如果你认为一定能办成，那么事情就有可能办成。

5. 培养某方面的兴趣

在自己的优点、专长、兴趣中找一样（开始时，一样就够了）来加以特别培养、发展，使之成为自己的专长。虽然还不是专家，但在小圈子中，一提到某件事，大家都公认非你莫属了。专长不必因难到像弹钢琴、表演杂技那么高深莫测，专长可以简单到做蛋糕、剪头发、游泳、看星星、辨识动物植物……什么都可以。有了专长，就有机会做主角，做主角自然会神采飞扬!

6. 强调自己的优点

花一个时间去发掘自己的优点，然后逐点用笔记下来。优点可以分类，如：个人专长所在、已做过什么有益有建设性的事、过去什么如何称赞过自己、家人朋友对自己的关爱、受过的教育等，你一定会发现自己有许多优点，从而知道自己原来并不差。

7. 发挥自己的外在美，与人和睦相处

发挥自己的外在美。所谓人靠衣裳马靠鞍，衣固然指衣着，也指打扮，可以不必是名牌，但一定要不落伍、清洁、光鲜、明亮、顺眼，要做到这样，必须做到出众、大方。尤其在自己情绪低落时，更要穿得鲜艳明丽些，还得加上化妆及新剪

的头发，这样自己的坏心情会因打扮而分散。

使自己招人喜欢，受人欢迎，让别人觉得跟自己做朋友十分有趣。要使自己受欢迎，就得多阅读，对一般事物有认识，否则人家讲什么问题都不知所云，同时又要关心别人，要“好好相处”。有朋友，便有支持和鼓励，可以振作精神。

闻名世界的已故女演员奥黛丽·赫本，她曾经的梦想是做一名芭蕾舞演员，但老师认为她不具备这方面的才能，于是她果断地放弃，最终选择做一名演员。日后，经过她的不懈努力，终于成为一名深受世界各国人们喜爱的电影演员，至今人们仍对她的经典佳作和美丽容貌念念不忘。

也许最后取得的成功并非是自己曾经的梦想，但这就是生活，需要我们不断做出选择和放弃，你的成功必定是因为你选择了正确的、适合自己的。放弃最初的梦想并不是错误，只要我们在放弃的时候，重新向前望去，就会看见另一扇打开的门，然后全力拼搏，我们也会成为成功的人。记住，对于敢于战胜失败的人来说，成功是迟早的事情。

大不了，从头再来

在这个世界上，对于一个人来说，最可怕的不是失败，而是永远的失败。失败了还可以从零开始，许多成功的企业家不都是从零开始的吗？他们刚起步的时候不也是什么都没有吗？他们有的只是一双手和一个聪明灵活的大脑，凭着这些最终做成了自己的事业，实现了自己的梦想。

什么都不值得我们惧怕，失败也好，挫折也罢，大不了从头开始，从头再来。相反，如果我们没有重新站起来的勇气，克服不了重重困难，遇到挫折就退缩，畏惧，那么我们永远都战胜不了失败，因为我们无法战胜自己。

我们只要在失败之后，敢于从零开始，并且勇敢地坚持下去，坚定自己的意志，总会有实现梦想的那一天。

安东尼·罗宾曾说过："一个知道自己目标的人，就不会因为挫折和失败而泄气。"

本杰明·富兰克林写道："让每个人确认他特殊的工作和职业，而且耐心地做着，如果他想要成功的话。"

诗人撒母耳·泰勒·柯尔雷基生活在一个不真实的梦幻世界里，他是个最该听从这个劝告的人，他遗留给后代的诗，大部分都是未完成的，因为他把自己的才华分散得太微细而浪费掉了。在他死后，查理·兰姆写信给朋友时说："柯尔雷基死了，听说他留下了4万多篇有关形而上学和神学的论文——没有一篇是完成的！"

撒母耳·泰勒·柯尔雷基的故事说明，只有听从这个劝告的人，即只有行动有恒心的人，才能发挥潜能，才能成就伟业，才能完成目标。行动要有恒心，这是开发潜能的重要因素，诺贝尔就对此深信不疑。

应该说，世界上如果有一百个人的事业获得巨大成功，那么，至少有一百条走向成功的不同轨迹。然而，谁能想象会有

这样的人，死神在他事业的路上如影相随，他却矢志不渝地走向了成功，这个人就是家喻户晓的诺贝尔奖金的奠基人——弗莱德·诺贝尔。

1864年9月3日这天，寂静的斯德哥尔摩市郊，突然爆发出一阵震耳欲聋的巨响，滚滚的浓烟霎时间冲上天空，一股股火花直往上蹿。仅仅几分钟时间，一场惨祸发生了。当惊恐的人们赶到出事现场时，只见原来屹立在这里的一座工厂已荡然无存，无情的大火吞没了一切。火场旁边，站着一位三十多岁的年轻人，突如其来的惨祸和过分的刺激，已使他面无血色，浑身不住地颤抖着……这个大难不死的青年，就是后来闻名于世的弗莱德·诺贝尔。

诺贝尔眼睁睁地看着自己所创建的硝化甘油炸药的实验工厂化为灰烬。

人们从瓦砾中找出了5具尸体，其中一个是他正在大学读书的活泼可爱的小弟弟，另外4人也是和他朝夕相处的亲密助手。五具烧得焦烂的尸体，令人惨不忍睹。诺贝尔的母亲得知小儿子惨死的噩耗，悲恸欲绝。年老的父亲因大受刺激引起脑溢血，从此半身瘫痪。然而，诺贝尔在失败和巨大的痛苦面前

却没有动摇。

惨案发生后，警察当局立即封锁了出事现场，并严禁诺贝尔恢复自己的工厂。人们像躲避瘟神一样避开他，再也没有人愿意出租土地让他进行如此危险的实验。困境并没有使诺贝尔退缩，几天以后，人们发现，在远离市区的马拉仑湖上，出现了一只巨大的平底驳船，驳船上并没有装什么货物，而是摆满了各种设备，一个青年人正全神贯注地进行一项神秘的实验。他就是在大爆炸中死里逃生、被当地居民赶走了的诺贝尔！

在令人心惊胆战的实验中，诺贝尔没有连同他的驳船一起葬身鱼腹，而是碰上了意外的机遇——他发明了雷管。可见，大无畏的勇气没有让他遇见死神，反而赶走了死神，迎来了成功。

雷管的发明是爆炸学上的一项重大突破，随着当时许多欧洲国家工业化进程的加快，开矿山、修铁路、凿隧道、挖运河都需要炸药。于是人们又开始亲近诺贝尔了。他把实验室从船上搬迁到斯德哥尔摩附近的温尔维特，正式建立了第一座硝化甘油工厂。接着，他又在德国的汉堡等地建立了炸药公司。一时间，诺贝尔生产的炸药成了抢手货，世界各地纷纷发来源源

不断的订货单，诺贝尔的财富与日俱增。

然而，灾难依旧如影随形。不幸的消息接连不断地传来：在旧金山，运载炸药的火车因震荡发生爆炸，火车被炸得七零八落；德国一家著名工厂因搬运硝化甘油时发生碰撞而爆炸，整个工厂和附近的民房变成了一片废墟；在巴拿马，一艘满载着硝化甘油的轮船，在大西洋的航行途中，因颠簸引起爆炸，整个轮船全部葬身大海……一连串骇人听闻的消息，如果说前次灾难还是小范围内的话，那么这一次是空前巨大的。人们再次对诺贝尔充满恐惧，甚至把他当成瘟神和灾星，可以说，他遭受了世界性的诅咒和驱逐。

就这样，诺贝尔再一次被人们抛弃了。当然，更准确地说，应该是全世界的人都把自己应该承担的那份灾难推给了他。面对接踵而至的灾难和困境，诺贝尔没有一蹶不振，他的毅力和恒心让他对已选定的目标义无反顾，永不退缩。因为多年来他已经习惯了在奋斗的路上与死神朝夕相伴。

炸药的威力曾是那样不可一世，最终，大无畏的勇气和矢志不渝的恒心激发了他心中的潜能，炸药吓退了死神，诺贝尔

赢得了巨大的成功。

在诺贝尔的一生中，他共获专利发明权355项。他用自己的巨额财富创立的诺贝尔科学奖，被国际科学界视为一种崇高的荣誉。

诺贝尔的成功告诉我们，恒心是实现目标过程中不可缺少的条件，恒心是发挥潜能的必要条件。恒心与追求结合之后，便形成了百折不挠的巨大力量。我们如果要干事业，就要经得起挫折，不能半途而废。美国著名学者安东尼·卡索，从他亲自策划和主持过的上百次民意测验中，得出的“创业十要”之一就是：做一件事坚持到底最重要。相反，半途而废，就会在商场竞争中一事无成。

安东尼·罗宾认为，韧性是取得成功的巨大依靠。商场竞争常常是持久力的竞争，每一个事业有成的人，无不是一个有恒心和毅力的人，这样的人，笑得好，也能笑到最后，是当之无愧的胜利者。总之，恒心和毅力是成功者必备的心理素质。我们绝不能半途而废，浅尝辄止，否则梦想永远只是梦想，成功只会成为泡影。

面对失败，永不放弃

所谓的毅力，并不是永远坚持做同一件事，而是说，对你目前正从事的工作，要一心一意，投下全部心力。你可以先从事艰苦的工作，然后再要求报酬。当然，你不但要对工作感到满意，而且还要渴求获得更多的知识与进步。在工作中，你要每天早起一点儿，多拜访几个人，多走几里路，多除一些杂草，对工作进行随时随地的研究。

威尔玛在6岁时的第一个想法就是“我要离开这个小镇，在世界上出人头地”。如她所愿，她在很小的时候就有了出外旅行的经验。应该说，威尔玛是不幸的。她是早产儿，曾经患

过两次肺炎和一次猩红热。另外，由于患了小儿麻痹症，她的左腿严重变形，腿部变弯。她必须套上腿部矫正器才能行走，因此显得很累赘，也使得她在赶往餐桌的赛跑中，落在她的兄弟姐妹后面。曾经有6年的时间，她时常要搭乘巴士前往离她的家乡45里处的纳斯维尔医院——这是她的第二个家。

在搭车途中，她总是幻想自己住在山上那些宽大、白色的别墅中。到了医院后，她就会向医生提出问题，有时候会问上三四遍："我什么时候可以取下矫正器，像常人一样走路？"医生不愿给她虚假的希望，总是认真谨慎地回答说："看情形再说吧！"

搭车回家的途中，她幻想自己是个幸福的女人，儿女成群，生活愉快幸福。她会把梦想告诉母亲：她要对这个社会做出重大的贡献，并且要周游世界。她那位温和体贴的母亲，很耐心地听完她的话，然后说道："亲爱的，生命中最重要的事就是你有信心，而且愿意努力奋斗。"威尔玛知道这是母亲安慰她的话，但是她听了多少遍也不感觉厌烦。

威尔玛11岁的时候开始相信，总有一天能够拿掉腿上的矫

正器。可医生对此并没有充分的信心，还是建议威尔玛对腿部进行必要的练习。但是威尔玛认为，多做训练要比稍加练习好得多。威尔玛一家有着强烈的基督教信念，因此，诚实不欺一直是威尔玛奉行的美德。不过，她承认说，在这样的事情上，她稍微夸张了一点儿事实。

在她去往医院的途中，她的父母有时候会带一个小孩。因此，医生就能教导家中的每一个孩子如何帮助威尔玛做腿部运动。但是，威尔玛对于如何按摩自己的腿和医生的看法不同，当她的父母有事外出时，她的某位兄弟姐妹就会站在门口充当“守望员”。然后，她把腿上的矫正器拿掉，每天绕着屋子走上好几个小时。如果有人进来，担任守望的那个人就会协助她躺回床上，替她按摩腿部，以免别人怀疑她为什么拿掉矫正器。这种情况持续了大约一年之久，虽然，她的信心已经大大增加，但她内心的罪恶感也同样增加，令她痛苦万分。

一次，威尔玛告诉医生说：“我要告诉你一个秘密。”她拿下矫正器，向医生所坐的办公桌走过去。她可以感觉到母亲正在背后，瞪大了眼睛看着她，她也知道，使她获得这项奇迹

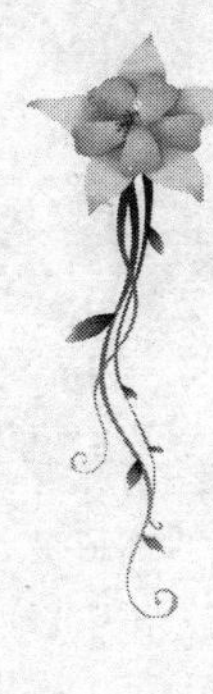

的行为完全违背了父亲的教训。

“你这样做已经多久了？”医生惊讶地问道。

“过去一年来，我一直这样做。我……有时候……把矫正器拿掉，在屋里走几圈。”她说这些话的时候，眼睛不敢直视母亲。

“好吧，既然你很诚实地和我分享了这个秘密，那么有时候，我会准许你把它们拿掉，在屋里走走。”医生说道。

对于威尔玛来说，“有时候”就是她所需要的唯一答复。她再也不想把它们套回自己的腿上去了。突破禁区是进步的前提，一个人只有首先去掉自己精神上的“矫正器”才能形成人生的突破。

当威尔玛12岁之后，她发现女孩子也能像男孩子那样又跑又跳。她过去一直待在家里，朋友必须来拜访她。她的姐姐伊芙妮比她大两岁，正要参加女子篮球队，威尔玛决定也要参加，她认为能和姐姐伊芙妮在同一个队中打球一定十分有趣。但是，令她很伤心的是，在全部30名应征的女孩当中，她连候选队员都不是。她下定决心一定要让她们知道她是可以的。

她多么希望能够让那些从未和她玩过的孩子们知道，她是相当不错的。她回到家里，发现教练的车子就停在门口。她想，“她甚至不让我把我落选的消息告诉我父母。”她跑到后门，悄悄走进屋里，紧靠着房门，听到了客厅内的谈话。

教练说她姐姐练完球后，她们必须出去比赛几场，但是父母担心的是，谁来担任她的监护人呢？她的父母一向不喜欢多说话，但是她的父亲却说：“要我允许伊芙妮参加你的球队，只有一个条件。”

“尽管提出来吧！”教练向她父亲表示。

“我的女儿出外旅行时，一向都是两个人结伴同行。如果你希望伊芙妮参加你的球队，你必须让威尔玛当她的球伴和监护人。”这并不是威尔玛脑中所想的，但对于她来说至少是一个起点，而且是好的开始。

当威尔玛看到篮球队的队服时，她立刻欣喜若狂。那全是新的，黑色镶金边的绸质队服。当你参加少棒球、女童军队或女篮队时，你所拿到的第一件队服，具有特殊的意义，因为它能创造出一种特别的认同感。你穿上队服后，建立一种归属

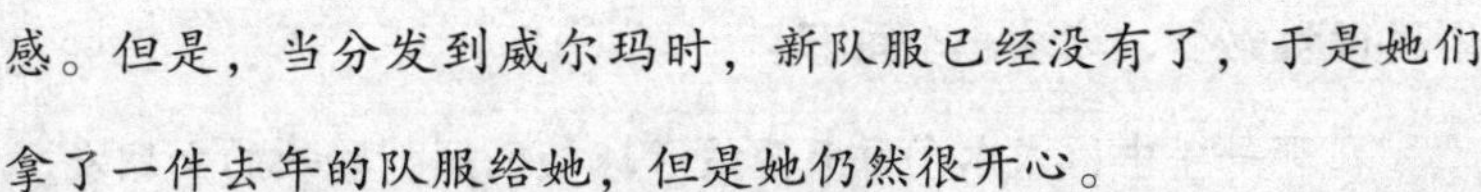

感。但是，当分发到威尔玛时，新队服已经没有了，于是她们拿了一件去年的队服给她，但是她仍然很开心。

“我们陪你一起上那10分钟的指导课，然后协助你练习教练要你做的动作。”她们自告奋勇地说。

第二天起，她们真的这样做。威尔玛最好的一位女朋友也加入练习，使她们能够一起练习。每天都这样，先听课，然后练习，听课，练习——学习篮球技巧。

第二年，威尔玛和她的女朋友都被选入篮球队。但她们都很担心，因为平常只在球场上练习，不知道是否能够应付真正的比赛。这两个分不开的好朋友在讨论了共同的梦想和恐惧之后，终于获得这样的结论：她们唯一能做的就是尽力而为。

她们认为，如果尽力还不能令人满意，或是无法应付真正的比赛，那么，她们也会很感激有这样的机会，即使退出篮球队，也不会觉得遗憾，因为她们已获得了宝贵的生活经验。

新赛季开始的每一天早晨，她们都很兴奋地看着报纸上有关她们在前一天晚上的表现的报道。后来，报纸上几乎天天报道威尔玛的朋友表现最好，威尔玛则是第二。从不幸到幸运，

从不行到能行，这是一个过程。

在那一年中，威尔玛每天奔波于球场之间，和她的女朋友一起参加友谊赛，希望夺得第一名。在这段时间内，却有另外一个人正在密切注意她。她并不认识她高中比赛每一场的裁判，这位裁判正是大名鼎鼎的艾迪·泰普，他是田纳西州立大学著名的田径队的教练，泰普向篮球队征求自愿人员，看看哪个人有兴趣参加他的女子田径队。威尔玛的想法非常简单："篮球季节已经过去了，今后再也没有比赛或练习了……也就是说，更多的是在家里闲着的时间。我何不自愿参加田径队呢？"

威尔玛第一次参加赛跑，就发现她能战胜她的朋友，然后她战胜了她学校所有的女生。接着，她又战胜了田纳西州所有高中女生。她和那位朋友，决定以另一种方式解决两人长期以来的竞争。她是田径场上的冠军，她的朋友则是篮球场上的第一。

威尔玛在14岁时，以高中生的身份加入田径队，并在放学后及周末前往田纳西州立大学接受严格的训练。在大学校园里，她遇见一位可爱的年轻姑娘，名叫玛伊·格丝，她在过去曾经入选过两次美国和奥林匹克队。玛伊成了分享威尔玛梦想

的唯一密友，同时也分担了威尔玛早年的挫折——她带上矫正器的痛苦以及她当时的孤独无助。

伴随着鼓励、培养，威尔玛不断地获得胜利。到第一年夏天结束时，她已经在费城举行的美国业余运动员全国大赛中，赢得100米赛跑冠军、400米接力赛冠军。

大约又过了两年，某一天，玛伊·格丝找到威尔玛，并对她说："你愿意为美国去奥运会上争得荣誉吗？"

威尔玛的回答体现着年轻人的激情浪漫，而且也反映出她小时候搭乘巴士往返于纳斯维尔途中的幻想："我们是不是要出门旅行？"

参加奥运会的条件很严格。首先，她们必须在华盛顿的美国大学奥运选拔赛中取得资格。在200米资格赛中，威尔玛一开始就领先大家。她发现自己跑在大家前面，而且领先玛伊，于是她回过头来看看好朋友在哪儿。这时玛伊从她身边飞奔而过，得了第一，她列为第二。比赛结束后，玛伊对她说："我对你感到失望，光是取得资格是不够的；你必须永远想着金牌。"

在1956年澳大利亚墨尔本举行的奥运会中，威尔玛在200

米半决赛中被淘汰，但由于美国队在女子400米接力赛中获得第三名，因此威尔玛也以队员的身份得到了一块铜牌。比赛结束后，她一方面觉得高兴，一方面却又觉得伤心。她觉得自己这种差劲的表现绝对不能再发生，下一次一定要表现得更好。当时她只有16岁，还在读高中，但她下定决心要在1960年赢得一次胜利。

虽然只是获得了一枚铜牌，但是回到家里她也是一个名人，她本来大可耀武扬威一番，但她忍住了这种诱惑。本来可以对邻居的小孩子不屑一顾，因为她小时候脚上套着矫正器时，这些孩子曾经欺负过她，但她不但未对他们报复，反而让他们欣赏她的铜牌并与她们分享赢得这块奖牌时的兴奋心情。那时候开始，曾经欺负过她的人都成了她的朋友，因为他们现在都在分享威尔玛的荣誉，特别是像威尔玛这种世界性的荣誉更是千载难逢。

我们总是能够看到人们表面上的荣誉，却很容易忽视了他们背后所要付出的艰辛与努力。谈到奉献与坚忍不拔时，我们更能看到一个“世界级”人物获得荣誉过程中所可能遭遇到的痛苦。最重要的是，我们必须记住，当时并没有提供给女子的

体育奖学金，威尔玛进入田纳西州立大学就读完全是自费。

威尔玛每天都要接受田径训练。更困难的是，学校还规定每个女学生至少要每学期修到18个学分，每科成绩至少是“B”，才能继续参加“田径队”。为了使自己永远保持“胜利者”的领先优势，她又恢复了额外的练习计划，很像她小时候拿掉矫正器走路的情形。当她发觉自己的工作及课业负担太重，而在田径场上落后于其他女队员时，就开始在晚上从宿舍的消防楼梯溜下去，到田径场上跑步，从晚上8点跑到10点。然后，她再从消防梯爬回宿舍，上床，赶上“熄灯”及“点名”。每天早晨太阳出来之后，又恢复了一天艰苦的训练活动。每天早晨，她要在6点和10点各跑一次，下午在3点时再跑一次。

周复一周，年复一年，她一直坚持着这种单调、严格的训练活动。这种情形共持续了1200天。

在1960年夏天的罗马，威尔玛已经准备好了。将近8万名观众开始疯狂地欢呼，他们已经意识到，她将是那种紧紧抓住观众之心的奥运选手，她将会留名青史（就如同她前面的杰西·欧文斯和巴比·迪理克森）。在这场比赛中，她轻易夺得四枚金

牌：100米、200米、400米以及400米接力的冠军。在田径场上，她是历史上第一个获得三枚个人金牌的女子。而且在这三项比赛中的每一项，都创下了世界纪录。可见，积累是成功的秘诀。水到渠成，有毅力坚持到底的人总有取得胜利的一天。

威尔玛的努力得到了回报，自从在罗马运动场的出色表现之后，各大报纸竞相登载她的消息，肯尼迪总统亲自在白宫接见她，她获得了“年度最佳女运动员”的嘉奖，另外还得到了很重要的“苏利文奖”（威尔玛是历史上得到这个奖的第三位女性）。接着，一家出版社出了一本叙述她生平故事的书，电视台根据它改编成一部电视片，片名就是《威尔玛》，由西斯里·泰森和秀莉·芬妮主演。

面对这些耀眼的光环和荣誉，威尔玛很坦然地说：“当你跑步时，你的整个身心都要投入其中；你要想着去赢得某项挑战，你一定会成功。我猜想，这就是所谓成功的秘密——愿意继续努力工作。希望每天改善你的表现。”

威尔玛·鲁道夫终于战胜了“不可能”战胜的困境，成了一名胜利者。她的故事告诉我们：真正的成功是长期努力的结果。

坦然面对失败

人的一生，成与败的最大关键之处就在于意志力的强弱。具有坚强意志力的人，就会拥有巨大的力量，无论他们遇到什么艰难险阻，都能克服困难；但意志薄弱的人，一遇到挫折，便想着退缩，最终必将归于失败。

在现实生活中，许多人都希望自己能上进，但无奈他们意志薄弱，没有坚强的决心，没有破釜沉舟的信念，一遇挫折，立即后退，无法坚持到最后，所以终遭失败。

英国劳埃德保险公司曾从拍卖市场买下一艘船，这艘船1894年下水，在大西洋上曾138次遭遇冰山，116次触礁，13次

起火，207次被风暴扭断桅杆，然而它从没有沉没过。劳埃德保险公司基于它不可思议的经历及在保费方面带来的可观效益，最后决定把它从荷兰买回来捐给国家。现在这艘船就停泊在英国萨伦港的国家船舶博物馆里。

人的一生就像是在大海上航行的过程，在航行的过程中，难免会遇到恶劣的天气，狂风暴雨，甚至海啸，人们多少都会遇到一些伤痛，但是我们要想前行，到达成功的彼岸，就要想办法不让自己沉没。一位攀登珠峰失败的运动员，在临走前对着珠峰说："珠穆朗玛峰，你虽然打败了我，但我会再回来的。我要战胜你，你不会变得更强大，但我会！"

这个世界上没有不受伤的船，船就要在大海中航行，你能怪大海吗？人也要生活，你能责怪生活吗？无论我们在人生中遇到了怎样的挫折，关键是不能因此而沉沦。虽然屡遭挫折，却能够坚强地百折不挠地挺住，这就是成功的秘密。

有一位英国作家叫约翰·克里西，年轻时执着于写作，但得到的却是接二连三的沉重打击：743封退稿信。在如此打击后，他说："不错，我正在接受人们所不敢相信的大量失败的考验。如果我就此罢休，所有退稿信都变得毫无意义。但我一

旦获得了成功，每一封退稿信的价值全部都将重新计算。”

海明威说：“世界击倒每一个人之后，许多人在心碎之处坚强起来。”从这个意义上说，失败是人生中的一种宝贵财富。因为没有巨石挡住航海的道路，怎么会激起灿烂的浪花？或许我们遭遇身体或情绪的创痛，最要紧的便是在创痛中寻找某些意义，但前提是绝不能放弃，否则失败就成了真正意义上的失败。

雅典奥运会上占旭刚失败了，有人问他：“你是两届奥运会的金牌获得者，当然你这次也付出了更多，对这次的失败你感到后悔吗？”

他回答说：“我已经尽力了，我不后悔。”

不怕摔跟头，就怕摔下去不能重新地站起来。我们许多人都能够理解这句话，但又有多少人能够去做到这样呢？

能够坚信自己成功的人不但不会畏惧失败，而且能够从失败中学习经验教训，以便为以后的成功打好基础。

雷·迈耶是一位篮球教练，他在迪保罗大学任教，曾率队赢得过37次冠军。一次，他的球队从冠军宝座上跌了下来。有一位记者问他心里的感想，他从容地说道：“太好了，从今以后，我们又可以集中精力研究如何赢得第一，而不是如何保住

第一了。”

人普遍都有畏惧失败的心理，并且这种心理将会终身陪伴一个人。

演讲家安东尼·罗宾曾说：“这世界没有失败，只有暂时停滞不前，因为过去并不等于未来。”在某一个体事情上的失败，并不等于一个人的失败，只要有信心，失败就是成功的转机。

人生本来就是一场赌博，谁也没有把握说自己一定能成功，失败虽然暂时会令人沮丧，但它会使人吸取经验教训，不会再犯同样的错误，这无疑会成为成功的垫脚石。有信心的人能够直视失败。如果一个人从未遭受过失败，那么他一定什么事都没做过，这样固然不会有失败，因为他没有成功的体验。

在人生道路上，每个人都可能遇到失败，无论失败的打击多大，都不能心灰意冷，而应当正视自己的失败，消除这种绝望感。在失败的时候，消极悲观不但于事无补，同时还可能使人逐渐陷入泥沼而无法自拔。要想走出失败的困扰，转忧为喜，就要勇敢地正视失败。我们应该笑着面对生活，并且要从生活中吸取力量去战胜失败。

在失败中沉沦还是在失败中奋起，这是每个人都必修的人生课题之一。

第五章

给自己希望

向着梦想起航

在现实生活中，有一种错误的说法，至少可以说其是不符合实际的，那就是，有一些人主张，应当“少谈理想，多讲些实际”。要知道，生活中的那些强者、那些成功者、那些优秀的人，他们的成就都是由良好的心态而产生的。所以，理想是成功的前提，是必不可少的一个环节。

罗杰·罗尔斯是美国历史上第一位黑人州长，这位黑人州长出生在纽约臭名远扬的大沙头贫民窟。很久以来，出生在这儿的孩子长大后很少有人获得大的成就，更可悲的是，他们甚至连一份很体面的工作都无法找到。

可是罗杰·罗尔斯是许多孩子当中的例外，罗杰不仅考入了大学，而且成了历史上第一个黑人州长。

在一次记者招待会上，罗尔斯对自己的奋斗史只字不提，当别人问他成功的经历，他也只是说了一个人名字——皮尔·保罗。

很多人都不知道这个陌生的名字，但是有一位记者知道，罗杰所说的名字正是他小学的老师，也是他所在学校的校长。

那一年，皮尔被聘为诺必塔小学的校长。当他走进那所小学时，他发现这儿的孩子都很迷惘，每个孩子都有一种消极的情绪藏在心里，而且大部分孩子都非常顽皮。罗杰在学校里是非常出名的一个小孩子，因为罗杰比其他孩子更加顽皮。

有一次，罗杰在皮尔面前用双手搞一些小动作，皮尔没有生气，只是对罗杰说："我一看到你修长的手指，就知道你将来会当上州长。"罗杰听到皮尔的话非常吃惊，因为长这么大，只有他的奶奶对他说过一句令他非常振奋的话，说他长大后，可以做一名非常出色的船长，拥有一艘5吨重的船只。所以，皮尔说他可以当上州长这句话，深深地记在了罗杰的心

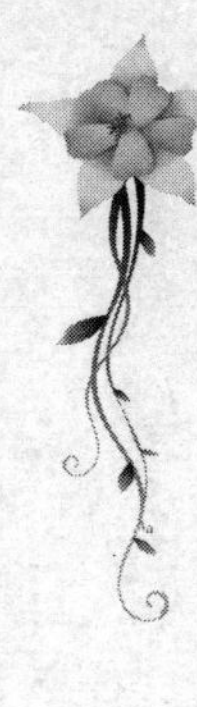

里，并且对此深信不疑。因为他知道，皮尔不会骗他。

此后，罗杰一直都在为成为州长努力奋斗，他开始慢慢地改变自己，改掉了从前的所有恶习。后来，罗杰经过40年的奋斗，实现了他的愿望，当上了州长。

对于自己的成功，罗杰这样说："在这个世界上，信念这种东西任何人都可以免费获取，所有成功者最初都是从一个小小的信念开始的。"

我们之所以会失败，是因为真正所缺的是那些能从信念中产生出的力量。这种力量，不但能使罗杰·罗尔斯这样的学生从一个小混混变成一个州长，也能使爱迪生为了找到做灯丝的材料，面对1600多种材料和几千次试验均失败这样一个结果，面对别人的嘲笑，仍坚信自己的信念，终成为大发明家。也许爱迪生产生的信念不是来自谁的教育、赏识和激发，但是他和罗杰一样，他们的成功，除了仰仗不懈地坚持和努力之外，还有信念在为他们指引方向。

当然，人们决不能只凭理想生活，那样的理想就是幻想。雨果说过："人有了物质才能生存，人有了理想才能生活。你要了解生存和生活的不同吗？动物生存，而人则生活。"但

是，人要有理想，而且要使理想成为现实，这就需要付出艰苦的努力。列夫·托尔斯泰也说过：“理想是指路明灯。没有理想，就没有坚定的方向；没有方向，就没有生活。”

带上你的理想，坚定你的信念，向着你梦想的地方起航!

多给自己一些期望

苏霍姆林斯基说过："在人的心灵深处，都有一种根深蒂固的需要，这就是期望自己是一个发现者、研究者、探索者、成功者。"

每个人都期望自己能够成功。这种心理品质虽然很可贵，但有的人却将其埋藏得很深，这样的人一遇到挫折就会畏缩，期望成功的心理之门就会上锁，难以成功。所以，要想成功，就要让自己"期望成功"的大门永远敞开。

有一个小女孩边用头顶着鸡蛋边想："太好了，鸡蛋卖掉了，就可以再买更多的鸡蛋，鸡蛋会生鸡，鸡又会生蛋，蛋

生鸡，鸡生蛋，换了很多很多的钱之后，买一个农场，买了农场之后就可以养牛、养鸡、养羊、种苹果，成为一个农场的主人，过着幸福快乐的日子……”当她正得意扬扬地想的时候，突然“啪”的一声，整筐鸡蛋掉在地上，她的一切梦想，在一瞬间都变成了泡影。

鸡蛋的破碎打破了她美丽的幻想，但是这也给她带来了美好的期许。她决定拿出一些实际行动，来改善她的人生，改善她的生活品质。她开始思考，她到底要成为一个什么样的人？做一番什么样的事业？过一些什么样的生活？开一些什么样的车子？交一些什么样的朋友？这从而对她以后的生活产生了巨大的影响。

那么，我们有没有想过我们未来的生活是什么样呢？

10年前，你还记得你在做什么吗？当时有没有人问过你，10年后你的理想是什么？你的回答也许很多很多，然后10年后的今天，你所做的承诺兑现了吗？假如没有的话，再请你想一想，10年后你要做什么？你会努力去实现吗？

你的人生中有多少个10年？我们每个人都心知肚明，其实10年就是眨眼间，如果你虚度一个又一个10年，那么你这辈子

就在平平淡淡中浪费了你的生命。所以，千万不要幻想；千万要下定决心，因为你所做的决定决定了你的人生。

面对挫折也是这样，“我想走出挫折”和“我一定要走出挫折”也是不一样的。这就要看你是怎么对待的。如果方向错了，那结果也一定不如意。

有一个人，在公交车上遇到一个妇人和一只狗，不巧的是，这只狗还占了一个座位，他因不忍疲倦，所以便开口跟那位妇人说：“可不可以把你的狗的座位让给我？”

那个妇人装作没听到。那个人开始有点不高兴了，但还是再问了一遍：“可不可以把你的狗的座位让给我？”这回，这个妇人是拼命地摇头。

那个人的火一下子大了起来，便把这只狗丢到了车窗外。

此时，有人说道：“不对的是那个妇人，而不是那只狗。”

其实，在现实生活中，有很多人都跟那个将狗丢到车窗外的人一样，犯了方向性的错误。在盛怒之下，对错误的对象发脾气，不仅无法改变现状，也往往伤害到无辜的人。狗只是听主人的话，它只是奉命行事，并没有错。真正错的是那位妇人，但是这种错却要由狗来承担。

仔细想想，在我们的工作中，有许多小职员只是奉命行事，而他们并不具有对事情的决定权，真正有决定权的是他们的上司，但却常常遭到不明就里的无情指责或者辱骂，不仅无法让事情解决，也让小职员们委屈万分。

每个人的心中都有一杆秤，有人用金子当作秤砣，有人用权势当作秤砣，却极少有人用心当作秤砣。当我们遇到挫折的时候，请用你的心作秤砣，看看错在哪里？其实要明白以下两点就可以了。

1. 要增强“期望成功”的自我意识

自主地唤起自己的求胜心理，当自己取得暂时的成功时，不要满足于现实，而要产生新的不成功，由成功到不成功，再由不成功到成功，从而使人的好胜心理的发展不断上升。

2. 要增强自信心

在走向成功的道路上，人们肯定会遇到磨难，一定要树立起自信心，“期望成功”的欲望才会持久。一个人的心中一旦有了期望，就会产生动力。期望越高，动力也就越大。但是，我们也不能忽略和期望相反的“失望”。要知道，失望是生活中常有的现象。有人能较快地克服失望情绪，有人却长期为失望情绪所羁绊。

人一旦被失望的情绪束缚，无法重拾信心，以后将很难取得成功，所以必须克服失望，使自己走出失望的阴影，重新建立希望，赢得自信。那么，怎样克服失望情绪呢？

1. 坚信“失败是我需要的，它和成功对我一样有价值”

这是爱迪生的名言。失败是一种“强刺激”，对有志者来说，往往会产生增力性反应。失败并不总是坏事，也没有什么可怕的。面临失败，不能失望，而是要找出问题症结，寻求进取之策，不达目标不罢休。

2. 期望应该具有灵活性

生活中，不要把期望凝固化。期望不只是一个点，还应该是一条线、一个面。这样的好处是：一旦遇到难遂人愿的情况，我们就有思想准备放弃原来的想法，追求新的目标。当然，这不等于“见异思迁”。比如你去剧场听音乐会，你原先以为自己喜爱的歌唱家会参加演出，不料他因病不能演出，你当时会感到失望。如果你这时将期望的目光投向其他歌唱家时，你就会抛弃失望情绪，逐渐沉浸在艺术美的境地中，内心充满欢悦。

3. 期望应该具有连续性

世界上固然有一帆风顺的“幸运儿”，而更多的却是“命

途多舛”、历尽艰辛的奋斗者，爱迪生发明灯泡先后试制了一万多次，无疑，在这个试制过程中至少也失败了万把次。倘若爱迪生不把自己发明灯泡这个期望，看成是一个连续的过程，不要说一万次失败，就是一百次失败也足以使他望而生畏，知难而退了。要提高克服失望情绪的能力，就要增强自己承受挫折的耐力。

4. 脚踏实地地追求奋斗目标

如果我们对外语一窍不通，却期望很快当上外文小说翻译家，岂不自寻失望？有些人平时学习成绩平平，却想进重点大学深造，结果难免失望。事情的发展结果同你原先的期望不符合，期望越是过高，失望越是沉重。

我们应该追求同自己的能力相当的目标。有时候，目标虽然同自己的能力大小相符合，但由于客观条件的影响，也会招致失望情绪，这时更应注意调整期望值，减少失望情绪。

快乐

心态，就是你对待事物的心理态度，这因人而异，有的乐观向上，有的消极悲观，你就是要保持乐观向上的心态，抛弃消极悲观的心态。这也正是为什么心理学界普遍认同这样一个观点——如果你要改变自己，重塑迷人的魅力，就应该从两方面着手，一是心态，二是行为动作。

乐观和悲观是两种截然对立的个人情绪和人生态度。很多人都很疑惑，同样是人，又都生活在同一片蓝天下，为什么有人乐观，也有人悲观呢？

在一家卖甜甜圈的商店门前，有一块招牌上面写着：“乐

观者和悲观者之间的差别十分微妙：乐观者看到的是甜甜圈，而悲观者看到的则是甜甜圈中间的小小的空洞。”

这虽然只是一个短短的幽默句子，但是却向我们透露了快乐的本质。事实上，人们眼睛看到的，往往并非事物的全貌，而只看见自己内心真正想要寻求的东西。因为乐观者和悲观者各自寻求的东西不同，对同样的事物所采取的态度就会不同。

在一个珠宝店里，有一个衣着讲究、仪表堂堂的男子在柜台前看珠宝，这时，一位站在柜台前看珠宝的女士礼貌地将自己的挎包移开。但这个人却愤怒地看着她，他说，他是个正直的人，绝对无意偷她的挎包。他觉得受到了侮辱，重重地将门关上，走出了珠宝店。

这位女士感到十分惊讶，这么一个无心的动作，竟会引起他如此愤怒。后来，她才想到，虽然他们的确生活在同一个世界上，但是好像这个人和自己活在两个不同的世界，因为他们对事物的看法截然相反。

几天后的一天，这位女士一醒来心情就不佳，想到这一天又要在例行的工作中度过，便觉得这个世界太枯燥，她开着车，满腔怨气地想为什么有那么多笨蛋也能拿到驾驶执照？他们开车不是太快就是太慢，根本没有资格在高峰时间开车。后来，她和一辆大型卡车同时到达一个交叉路口，她心想："这家伙开的是大车，他一定会直冲过去。"

但就在这时，卡车司机将头露出车窗外，向她招招手，给她一个开朗、愉快的微笑。当她将车子驶离交叉路口时，她的愤怒突然完全消失，心胸豁然开朗起来。因为这位卡车司机的行为使她仿佛置身于另一个世界。其实这个世界依旧，只是每个人的态度不同而已。

那么，我们如何才能使自己有一个乐观的态度呢？按照下面这个步骤做，相信会取得一定的效果。

第一步：冲出自制的樊笼。

要想翱翔蓝天，就要有飞翔的勇气。只有冲出束缚自己的牢笼，才能有实现梦想的机会。我们只要抱着乐观主义，必定是个实事求是的现实主义者。而这两种心态，是解决问题的孪生子，最不足以交往的朋友，是那些悲观主义者和一些只会取笑他人的人。当我们帮助朋友时，不要只着重分担他的痛苦和说些愚昧的话语。如果要建立亲密的关系，就必须有共同的人生价值和目标。

第二步：要想改变情绪，试着改变环境。

当情绪低落时，不妨去访问孤儿院、养老院、医院，看看世界上除了自己的痛苦之外，还有多少不幸。如果情绪仍不能平静，就积极地去和这些人接触；和孩子们一起散步游戏，把自己的情绪，转移到帮助别人身上，并重建自己的信心。通常只要改变环境，就能改变自己的心态和感情。

第三步：听听音乐。

在开车上学或上班途中，听听电台的音乐或自己的音乐带。那些愉快、鼓舞人的音乐会让你的身心都得到放松和愉悦。如果可能的话，和一位积极心态者共进早餐或午餐。晚上不要坐在电视机前，要把时间用来和你所爱的人天。

第四步：改变你的习惯用语。

不要说“我真累坏了”，而要说“忙了一天，现在心情真轻松”；不要说“他们怎么不想想办法”而要说：“我知道我将怎么办”；不要在团体中抱怨不休，而要试着去赞扬团体中的某个人；不要说“为什么偏偏找上我，上帝”而要说“上帝，考验我吧”不要说“这个世界乱七八糟”，而要说“我要先把自己家里弄好”。

第五步：向龙虾学习。

龙虾在某个成长的阶段里，会自行脱掉外面那层具有保护作用的硬壳，因而很容易受到敌人的伤害。这种情形将一直持续到它长出新的外壳为止。生活中的变化是很正常的，每一次发生变化，总会遭遇到陌生及预料不到的意外事件。不要躲起来，使自己变得更懦弱。相反，要敢于去应付危险的状况，对你未曾见过的事物，要培养出信心来。

第六步：珍惜自己的生命。

无论什么时候，都不要对自己说："只要吞下一口毒药，就可获得解脱。"没有过不去的坎。当你失意时，不妨这样告诉自己，"信念将协助你渡过难关。"乐观会让你变得坚强和勇敢，会让你离自己的梦想更近一步。

时刻保持一颗乐观的心，人生将格外精彩。

不要优柔寡断

世间最可怜的人就是那些举棋不定、犹豫不决的人。因为优柔寡断可以破坏一个人对于自己的信赖，也可以破坏他的判断力，并大大有害于他的全部能力。

优柔寡断的人，有了事情，不自己想办法，而是一定要去和他人商量，自己的问题要完全取决于他人，这种人，主意不定、意志不坚，既不会相信自己，也不会为他人所信赖。

更有甚者，他们已经优柔寡断到无可救药的地步，他们不敢决定种种事情，不敢担负起应负的责任。之所以这样，是因为他们不知道事情的结果会怎样——究竟是好是坏，是吉是

凶。他们常常对今日的决断产生怀疑，甚至使自己美好的梦想陷于破灭。

决策果断、雷厉风行的人也难免会发生错误，但是他们总要比不敢开始工作、做事处处犹豫、时时小心的人来得强。因此，对于渴望成功的人来说，犹豫不决、优柔寡断是一个阴险的仇敌，在它还没有伤害到你、破坏你的力量、限制你一生的机会之前，你就要把这一敌人置于死地。不要再等待、再犹豫，绝不要等到明天，今天就应该开始。要逼迫自己训练一种遇事果断坚定的能力、办事迅速果断的能力，对于任何事情切不要犹豫不决。

当然，对于比较复杂的事情，在决定之前需要从各方面来加以权衡和考虑，要充分调动自己的常识和知识，进行最后的判断。一旦决策，就要断绝自己的后路。只有这样做，才能培养成坚决果断的习惯，既可以增强自信，也能博得他人的信赖。

有这种习惯后，在最初的时候，也许会时常做出错误的决策，但由此获得的自信等种种卓越品质，足以弥补错误决策所可能带来的损失。

有个人，无论做什么事情，从来不把事情做完，都会给自己留着重新考虑的余地，比如，当他写信的时候，如果不到最

后一分钟，就决不肯封起来，因为他总担心还有什么要改动。我时常看见他，把信都封好了，邮票也贴好了，正预备要投入邮筒之时，又把信封拆开，再更改信中的语句。

在他身上，有一件很搞笑的事情。有一次，他给别人写了一封信，然后又发电报去叫人家把那封信原封不动立刻退回。由于他这种犹豫不决的习惯，使他很难得到其他人的信赖，所有认识他的人，也为他感到可惜。

有一个妇女，她要买一样东西，于是把全城所有出售那样东西的商场都跑了一遍。当她走进一个商店，便从这个柜台，跑到那个柜台，从这一部分，跑到那一部分。当她从柜台上拿起了货物时，会从各方面仔细打量，看了再看，心中还不知道喜欢的究竟是什么。她看了又看，还会觉得这个颜色有些不同，那个式样有些差异，也不知道究竟要买哪一种好。她还会问各种问题，有时问了又问，弄得店员们十分厌烦，结果，她竟一样东西也没买。

对于一个品格完善的人来说，这种优柔寡断实在是一个致命的打击。凡有此种弱点的人，从来不会是有毅力的人。这种性格上的弱点，可以败坏一个人的自信心，也可以破坏他的判

断力，并大大有害于他的全部精神能力。

一个人的才能与果断决策的力量有着密切的关系。人的一生，如果没有果断决策的能力，那么你就会像深海中的一叶孤舟，永远漂流在狂风暴雨的汪洋大海里，无法到达成功的彼岸。

对很多人来说，犹豫不决的痼疾已经病入膏肓，这些人无论做什么事，总是留着一条退路，决无破釜沉舟的勇气。他们不知道如果把自己的全部心思贯注于目标是可以生出一种坚强的自信的，这种自信能够破除犹豫不决的恶习，把因循守旧、苟且偷生等有碍成功的意念，全部清除掉。

无论当前问题有多么严重，你都应该把问题的各方面顾及到，加以慎重地权衡考虑，但你千万不要陷于优柔寡断的泥潭中。你倘若有慢慢考虑或重新考虑的念头，你准会失败。如果你有这样的倾向，你应该尽快将其抛弃，你要训练自己学会敏捷果断地做出决定。即使你的决策有一千次的错误，也不要养成优柔寡断的习惯，因为这样比失误更难以获得成功。

优柔寡断的人在进行决策时，总是逢人就要商量，即便再三考虑也难以决断，这样终至一无所成。如果你养成了决策以后持之以恒、不再更改的习惯，那么在作决策时，就会运用你自己最佳的判断力，很容易取得成功。

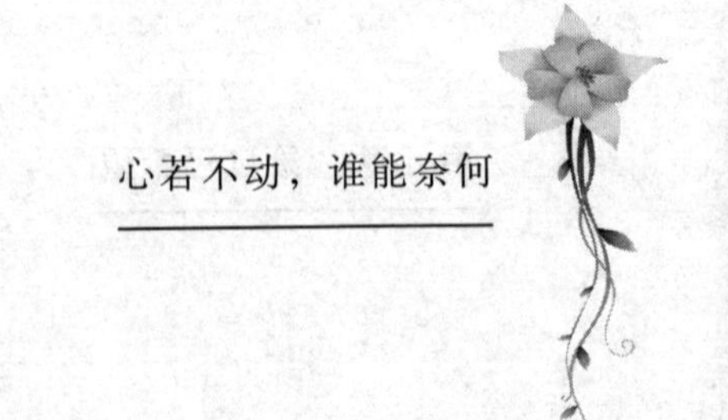

不要放纵自己

在这个物欲横流的社会，人如果太放纵自己，很容易就会迷失。因此，不要轻易放纵自己，更不要轻易丢弃你的责任心，要学会收敛。

在工作之余，每个人都会有一些娱乐活动，这些活动的内容因人而异。有人选择看电视或看电影，有人选择健身锻炼，有人会和几个好友小聚一番，还有人喜欢打牌，等等。

比如，在一个单位里，大家休息时总要挤出一些时间来打扑克。有一个来凑热闹的新手，刚开始只是觉得好玩，后来赢了几把钱之后，却越陷越深，一心只想把打扑克当成发财的手

段。由于他打牌的技术很一般，通常只能赔本，而且由于过分在乎输赢，他的精神涣散，常常影响到正常的工作和生活。别人说他玩得太过火了，他却不以为然，最后把自己的东西拿来抵押，输得一文不剩。家里知道后，十分生气。后来，新牌手的上司知道了这件事情，他把这位新牌手狠狠地批评了一顿，并且下令单位中禁止赌钱。

娱乐无可厚非，但是因为过于沉迷娱乐而损害家庭和工作，就从放松演变为放纵，应该得到纠正。要知道，放松不是放纵，它们是有区别的，至少程度不同。

玩一个小时的扑克牌是放松，而玩一个晚上的扑克牌则是一种放纵。因为这样的放纵会带来一些不容忽视的后果：伤害自己的身体。睡眠少了，质量就不好，就会影响第二天的正常工作或生活，还让家里人跟着担忧。

一个真正有责任感的人，是不会轻易放纵自己的。他要保证以饱满的精神对自己的身体负责，对工作负责，对妻子的安全和儿女的成长负责。

一名真正对家庭、对工作负责任的人，可以把强制的约束转化为自发的约束。出于对家庭和工作理所当然的责任感，他们能够十分巧妙地安排这些活动，避免深陷其中。富兰克林给

自己制订了大胆而艰巨的计划，其中两条是“一、节制：食不过饱，饮不过量；二、该做的事情就必须去做，既然做了就一定要做好。”总统布什如果白天外出，他一般选择黎明时分，这样，他就可以尽早地回来，与爱妻劳拉共享晚餐。

放纵是一种不负责任的表现。因为在放纵的时候，你只想到自己及时地满足，而很少顾及到放纵的后果。你也许会反驳：放纵是交际的一种需要，生活中也难免有放纵的场合。比如：和朋友们出去聚会，谁能保证没有喝多的时候。找这些理由不过是为了说明放纵不是自己的本意，而是别人所致。我们暂且不论放纵是本意还是他意，就说最后的结果是不是一个？如果结果相同，这样说的理由又有什么生命意义呢？

如果你是一个放纵的人，迟早都会让人知道你是一个不懂得节制、没有坚定的意志力的人，只能随波逐流。很多妻子意识到了这一点，她们规定丈夫外出娱乐的时候要在10点钟之前赶回。这样的夫妻契约可以以一种强制的力量勒住家人即将放纵的心，但是往往也容易伤害家人的感情。

所以，我们尽量不要养成放纵的习惯，哪怕是在工作之外，或貌似无关紧要的场合中。因为多次的放纵会动摇内心的责任信念。一旦信念动摇，就意味着失去了原先的原则约束。一旦放纵

成为习以为常的事情，人的行为方式从此将发生改变。

人们大概注意到结婚多年的夫妇行为逐渐变得一样，甚至连外貌也相似，而心态的同化是最明显不过的。跟消极心态者相处得久了，你就会受他的影响。接触消极心态者就像接触到原子辐射，如果辐射剂量小、时间短，你还能活，但持续辐射就会要命了。

不要轻易放纵自己，不要轻易丢弃你的责任心。责任心就像成熟的蒲公英一样，一旦吹开了，你就再也不可能把它们恢复成原来的样子。

积极的态度也会改进对自己的认识和评价。慢慢地，你会愈来愈喜欢自己，并且逐渐清楚自己的目标，学会安排眼前的生活。一旦进入这样的境界，便能获得无限的平静与成就感。

跨过这些阶段后，所处的环境和人际关系将呈现另一番风貌——这是因为关注这些事的心态已经不同。从此之后，无论是对自己和其他人的交往上，由于不再怀抱特定的想法，也不再期待他人的回报，彼此间的互动关系将更为自然。

为了要计划你的人生，一定要先了解你本身的条件，而且要以它为基础，常常作适度的改善。

不妨盘点一下你自己：

第一，不管任何工作，自己是不是能做得很好？或是马马虎虎地混过？你的工作性质怎么样呢？

第二，何种工作使你获得最大的成功？这种成功对于你的能力及做事的技巧究竟有什么帮助呢？

第三，你在工作上什么地方失败过？去年工作的三大失败是什么？为什么遭受如此大的失败呢？为了要避免失败，你究竟采取了什么措施？

第四，目前所遭遇的困难是哪些事情？其中最大的困难是什么？

冷静地思考上面几个问题之后，我们就会对自己的长处和短处有一个基本的了解，而且这种问答不只做一次，必须要定期地而且长期地去做，至少也要做个两三次才行。这样，我们也可以了解自己究竟有没有进步或是停滞。

冷静地分析自己，认识自己，让自己飘浮放纵的心回归，做好自己应该做的事情，为了心中的目标，奋勇前行。

给自己一片希望的树叶

欧·亨利在他的小说《最后一片树叶》里讲了一个故事：

有个病人躺在病床上，绝望地看着窗外一棵被秋风扫过的萧瑟的树。他突然发现，在那树上，居然还有一片葱绿的树叶没有落。病人想，等这片树叶落了，我的生命也就结束了。于是，他终日望着那片树叶，等待它掉落，也悄然地等待自己生命的终结。但是，那树叶竟然一直未落，直到病人身体完全恢复了健康，那树叶依然碧如翡翠。

其实，那树上的树叶是一位画家画上去的，它不是真树叶，但它达到了真树叶生动真实的效果，给了那位病人一个坚

强的信念——活着，只要那片树叶不落，我的生命就不会终结。结果，他真的康复出院了，于是他走出病房去看那棵树。他站在树下，被画家的用心感动了。因为画家是唯一了解他内心秘密的人，画家知道他在等待树叶全部落掉之后，会悄然地终结自己的生命。于是画家顺着他的心思设计了这么一片假树叶。就是这片假树叶，挽救了他的生命。

这个故事告诉我们：人要学会自己给自己一片希望的树叶。

其实我们都知道，真正有生命力的不是那片树叶，而是人的信念。人生可以没有钱，也可以没有家，甚至可以没有很多东西，但是人不能没有希望。希望是人类生活的一项重要的价值。有希望之处，生命就生生不息！

很多人都有一种比较偏颇的想法，那就是，与其把时间花在对未来的策划上，不如脚踏实地地苦干。当然，我们不反对实干，它确实很重要，但如果在实干中加入合理的策划，那么更可取得事半功倍的效果。以一艘轮船做比喻，如果实干是轮船的马达，那么策划就是轮船的路线和方向盘，照着策划前进，才可能达到我们的目标，否则，人就会迷失在人生的海洋中。

在这个世界上，有许多杰出人士，他们的成功都是因为自己有明确的目标，订出了达到目标的具体计划，然后他们花费

巨大的心血努力照着计划奋斗，于是取得了令常人羡慕不已的成就。比如，赫赫有名的安德鲁·卡内基就是其中之一，下面我们一起看看他的故事。

安德鲁·卡内基以前只是一家钢铁厂的工人，但他订下了制造及销售最优良的钢铁的明确目标。凭着他的雄心壮志，他制订了完整的计划，并一步步发展下去。最终，卡内基成了钢铁巨头，实现了自己的目标。

纪实小说家乔治·埃格尔斯顿曾讲述过这样一个故事：

一天，西格诺·法列罗的府邸要举行一个盛大的宴会，主人邀请了一大批客人。当宴会马上就要开始的时候，负责布置餐桌的点心制作人员派人来说，他设计用来摆放在桌子上的那件大型甜点饰品不小心被弄坏了，管家急得团团转。

这时，一个西格诺府厨房里干粗活儿的孩子走到管家的面前怯生生地说道："如果您能让我来试一试的话，我想我能制作另外一件来顶替。"

"你？你是什么人，竟敢说这样的大话？"管家惊讶地喊道。

"我叫安东尼奥·卡诺瓦，是雕塑家皮萨诺的孙子。"面对管家的怒吼，孩子镇定自若地回答道。

管家将信将疑地问道：“小家伙，你真的能做吗？”

小孩说：“如果您允许我试一试的话，我可以制作一件东西摆放在餐桌中央。”仆人们这时都已经慌得手足无措。于是，管家就答应让安东尼奥去试试，他则在一旁紧紧地盯着这个孩子，注视着他的一举一动。

这个厨房的小帮工不慌不忙地让人端来了一些黄油。不一会儿工夫，不起眼的黄油在他的手中变成了一只蹲着的巨狮。管家喜出望外，惊讶地张大嘴巴，连忙派人把这个黄油塑成的狮子摆到了桌子上。

晚宴开始了，客人们陆陆续续地被引到餐厅里来。这些客人都是达官显贵，他们中，有威尼斯最著名的实业家，有高贵的王子，有傲慢的王公贵族，还有眼光挑剔的专业艺术评论家，等等。

但是，当客人们看见餐桌上卧着的黄油狮子时，都不禁称赞起来，大家都认为那是一件天才的作品。他们在狮子面前不忍离去，甚至忘了自己来此的真正目的。结果，整个宴会变成了对黄油狮子的鉴赏会。

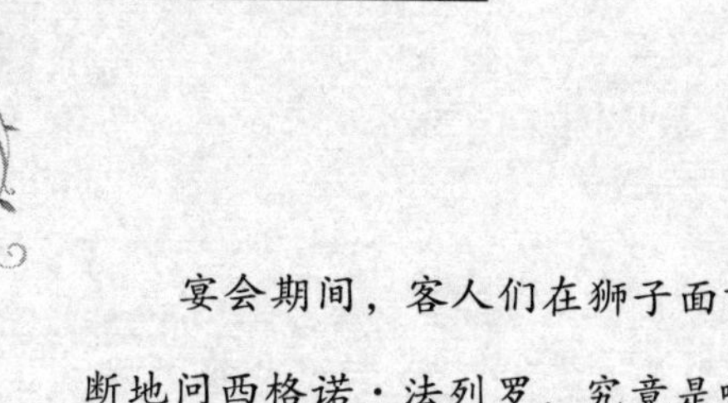

宴会期间，客人们在狮子面前情不自禁地细细欣赏着，不断地问西格诺·法列罗，究竟是哪一位伟大的雕塑家，竟然肯将自己天才的技巧浪费在这样一种很快就会溶化的东西上。法列罗也愣住了，他立刻将管家叫了过来，于是管家就把小安东尼奥带到了客人们的面前。

当这些尊贵的客人们得知，面前这个精美绝伦的黄油狮子，竟然是这个小孩仓促间做成的成品时，不禁大为惊讶，大家都开始对小孩进行赞美，富有的主人当即宣布，将由他出资给小孩请最好的老师教他学习雕塑，充分发挥他的天赋。

西格诺·法列罗果然没有食言，但安东尼奥没有被眼前的一切冲昏头脑，他依旧是一个淳朴、热切而又诚实的孩子，孜孜不倦地刻苦努力着，希望把自己培养为皮萨诺家庭中又一名优秀的雕塑家。

也许很多人并不知道上面这个故事，但是却没有不知道后来的著名雕塑家卡诺瓦的大名，没有人不知道他是世界上最伟大的雕塑家之一。

因此我们说，只要有机会，就要抓住，给自己一片希望的叶子，你将会迎来一个美好的春天。

第六章

做命运的主人

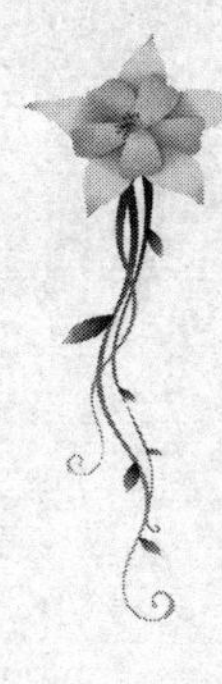

自我肯定

在我们的身上，会长久地根植一种极度脆弱的性格，而且它会不断地在我们的想法和行为上表现出来。一旦你的脑海里有了失败的意识，你的外在表现就会跟你的想法保持一致，而且越来越严重，你自己也随之变得越来越脆弱，甚至到最后会不堪一击。

古语云，“自助者，天恒助之”。所以，无论在任何情况下，你都要相信无论何时，无论何地，你都是你自己最大的救星。你还要相信：成功和奇迹是在自我肯定之后发生的。

台湾真善美生命潜能研究中心创办人许宜铭说：“我今天

在这里演讲的时候，每个人都看到不同的我，有人看到我蛮有艺术气息的，有人看到我头发这么长、不男不女的。而且我不会受你们看我的眼光影响，因为我知道那是你在看我，是你在创造我，不是我，跟我一点关系都没有。你们怎么看我，怎么会转到我身上来呢？你们敬重我、喜欢我，我会很开心。但是我知道那不是我，我不会因为你们的欣赏和赞美就会变得更好，因为我很清楚地知道我就是这个样子。”

他还说：“你们贬损我、攻击我，我会难过，但是我也不会受影响，因为我知道那个也不是我，是你们创造出来的我，跟我一点关系都没有，有时我还未必觉得难过。”

从某种意义上来讲，我们并不是为自己而活，我们有我们的责任和义务，我们不能自私地只考虑自己的感受，但是换个角度来看，我们又不能只为别人而活，别人眼中的我们是什么样，其实根本不重要，重要的是我们如何看自己，我们是否敢于肯定自己。如果我们想要更好地履行自己的责任和义务，我们就必须保持住自己的本色，成为自己想成为的人，让别人也觉得我们是成功的，我们对自己够好。

伏龙芝说：“坚信自己和自己的力量，这是件大好事，尤其是建立在牢固的知识和经验基础上的自信，但如果没有这一

点，它就有变为高傲自大和无根据地过分自恃的危险。”

这种情况会持续且愈变愈糟，除非你脆弱的性格能消除。以销售员为例，当他处于长期的业务低潮后，若是能创下一笔惊人的销售业绩，则在他心中长久以来的低落情绪，将可戏剧性地一扫而空。

有个小男孩头戴棒球帽，手拿球棒与球，全副武装地走到自家后院。“我是世界上最伟大的打击手。”他满怀自信地说完后，便将球往空中一扔，然后用力挥棒，但却没打中。他毫不气馁，继续将球拾起，又往空中一扔，然后大喊一声：“我是最厉害的打击手。”他再次挥棒，可惜仍是落空。他愣了半晌，然后仔仔细细地将球棒与棒球检查了一番。之后他又试了三次，这次他仍告诉自己：“我是最杰出的打击手。”然而，他这一次的尝试还是挥棒落空。

“哇！”他突然跳了起来，“我真是一流的投手。”

一个小孩聚精会神地在画画，老师看了在旁问道：“这幅画真有意思，告诉我你在画什么？”

“我在画上帝。”

“但没人知道上帝长什么样子。”

“等我画完，他们就知道了。”

把你的理想或决定向别人宣示，无异于订下不能反悔的契约，这不失为自我肯定的好办法。这种做法能把自己推向目标，努力迈进，产生一种鞭策的效果。

自我肯定能诱发光明积极、活泼开朗的性格，遂能渐渐奠定信心的基石，有了自信为基础，就等于向成为英雄豪杰的目标迈进了一大步，因此而成功立业的典型真是细数不尽。

米契科夫是俄国伟大的医学家。他总是充满自信，从小就养成积极自我肯定的性格，尤其是青年时代，常常对自己或别人宣誓：“我的才能出众，对事物热衷的程度无人能比，并能专心一致，我成为著名学者，是指日可待的事。”

其实，人无论是伟大还是平凡都可以在自我肯定方面做得很好，取得成功。当然，自我肯定的方式方法也有很多，那些伟大的成功人士，可以用自己的成就、对这个社会的贡献等等来证明自己，那么平凡人呢？

比如，在日常生活中，就有很多自我肯定的途径，以“戒烟”为例，自己先痛下决心，再四处向亲友宣布此项决定，结果就有人因此而戒除烟瘾，这种自我肯定的方法，与米契克夫的自我肯定具有异曲同工之妙，尽管其内容、范围有大小之别。

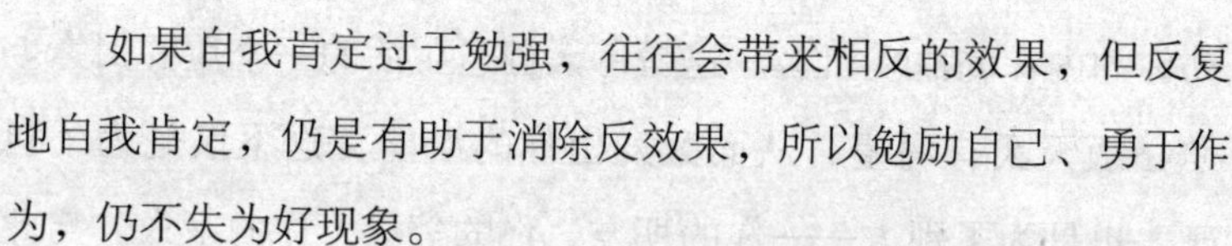

如果自我肯定过于勉强，往往会带来相反的效果，但反复地自我肯定，仍是有助于消除反效果，所以勉励自己、勇于作为，仍不失为好现象。

贝多芬，被人们称为天才，他为世人留下了九大交响曲以及很多不朽名曲。但是，我们要知道这些伟大的经典作品都是在他得了堪称音乐家致命伤的耳聋之后完成的。他能突破这个障碍，向音乐奉献了一生才华，这种精神，令无数人动容。

贝多芬说："勇气就是不管身体怎样衰弱，也想用精神来克服一切的力量。"

因为贝多芬敢于自我肯定，他相信自己即使在耳聋的情况下也能弹奏出世间最震撼人心的乐曲，他做到了。由此我们可以看出，肯定自己是一种属于互相交往、自我肯定、毫不畏惧地迈向人生的心态。在你的人生中应当是如此，在每一天的生活中，也应当是如此。

你不能逃避人生，不能弃绝人生，你要肯定人生。你不能逃避你自我心像，不能弃绝你的自我心像；你要肯定你的自我心像，要知道：没有自我心像，就没有生命。

你必须深信今天和明天。人生天天在变。你必须把每一天都用在有价值的目标上，同时避免消极的情绪，并积极地发

动你的内在的成功机会。这是每天创造生活的一个重要因素。你必须天天有渴望，从而激发出你的潜能，这不仅是为了自己，也是为了别人——你的朋友、你的邻里、你的亲人。与此同时，你也不可以让你的胜利蒙蔽你身为人类大家庭之一分子的角色。你必须肯定你的人类兄弟。你必须设身处地为别人着想。这样，你就能为自己奠定起自信的基石，创造更加美好的生活。

找回失落感

失落感常常是困扰许多人的主要烦恼之一。

美国一位律师芭芭拉这样叙述了自己的感受："近来，我被一种莫名其妙的情绪笼罩着，我徒劳地想摆脱出来，可悲的是我连这种情绪是怎么回事都未弄清楚……世上万物仿佛一只大网直扣下来，渺小的自我只有在大网之下做着莫名其妙的挣扎和寻找。大学毕业后，我就在现在的单位就职，周围的人因这职位和环境而羡慕我的机遇，我的幸运，我的一帆风顺。但是生活并非如人们想象得那么轻松愉快。在春风得意的背后，深深的精神危机围绕着我，无论繁忙还是悠闲，内心深处总被

一种难以遏制的渴望灼痛着，使我无法安宁。”

面对芭芭拉的这种情况，人们会问：你究竟有何不适？你还想得到什么？

她无言以对，然而那种感觉却日复一日年复一年地滋长着……这就是失落的现实表现！失落，就是被社会遗忘的空虚和茫然，是一种身属其位，却又不知自己生活在哪一个坐标，心中只有无限的怅惘。

一般来说，一个人产生失落的原因主要有以下两点：

1. 不适应角色的转变

一个人在失去原来已习惯担任的角色时，很容易产生失落感。比如，一个青年学生在学校生活久了，大学毕业之后必须参加工作。但离开久已默契和合拍的“象牙塔式”的生活之后，便很难在尘世的喧哗中找到自己的角色位置，虽然勉强地找到了工作，但未必适合自己心意。

2. 理想与现实相差太远

现在，有一些年轻人，总以为自己眼前的工作不适合自己，对文秘感兴趣，以为自己可做个部门经理，而实际上他又无什么专长，这样高不成低不就的状态，只能让他由一个公司跳到另一

个公司。

由此看出，个人在生活中找不到适合自己的位置时，便会有一种被生活遗忘的感觉，以为自己是个“多余的人”。失业青年的失落感大多是由此引起的。正如人们常说的那样——期望越高失望越大。

假想一下，当你对生活抱着那种美梦般的幻想时，在想象的世界里，你是个至高无上的国王或王子，你希望拥有一份舒适的工作，最好是某大公司的总裁之职，你希望有一个幸福的家庭，儿子可爱、女儿美丽，且都聪颖过人……总之，你希望拥有一切美好。

可实际情况又怎样呢？

我们必须要活在现实生活中，如果我们过高地、超出自己实际能力的希望，如美丽的肥皂泡一样轻易地破碎了，于是失落因此而生成。而那些太多且不合理的希望，是一种没有正确、理智地估计自己的原因，失落也是在所难免的。

那么，如何才能避免失落呢？以下两种方法可以让你有所收获。

第一种方法：积极扮演角色。

失落者是一种角色的错位。

也许你现在担任的角色并不是最适合的，不是一个理想的角色，但不管怎样，对目前的角色都要积极地扮演。

积极扮演角色使自己感到充实。因为任何一个角色都是组织中一个不可缺少的环节，积极扮演就会体现出它的主要作用，个人的价值也会因此而实现。

而且，只有积极扮演角色，才可能发现自己的才能，才能找到更适合自己的位置。

第二种方法：奋斗使人产生充实感。

失落感是因为个人在社会生活中失去了位置，个人的价值找不到实现的方式。要想改变它，不妨证明自己对社会是有用的。

奋斗着的人们，遇到什么样的挫折和失败都不会感到空虚。因为进攻是最好的防守，也是最佳的突破方式。奋斗能让你显示自己的能量，它将是你突破失落的最佳方式。

如果说没有友爱，人生无趣的话，那么没有寂寞，人生同样乏味。试想，若把你抛进喧嚣的人海，整日里都得面对着人群，点头、微笑、说话、应酬……得不到喘息，到后来，不心烦意乱、发怒咆哮以至神经错乱才是怪事。没有寂寞的世界，该是个多么喧闹的世界，那岂不是人类的灾难吗？

既然人类存在一天，寂寞就会存在一天；既然精神的解

放是人类通向自由王国的必由之路，那么，与其一味地哀叹寂寞，还不如勇敢地直面寂寞。人类就是在寂寞与充实的轮回中前进的。只要不被寂寞扼制，以致消极、隐退、无为，进入恶性循环，那么，寂寞也可成为动力。治疗寂寞的最佳药方是“投入”，而非隔绝；是进取，而非逃遁。

自我意识决定命运

自我意识就是自己对自己的暗示。它是一个人用语言或其他方式，对自己的知觉、思维、想象、情感、意志等方面的心理状态，产生某种刺激影响的过程。换言之就是所有为自我提供的刺激，一旦进入了人的内心世界，都可称之为自我暗示。

自我暗示是思想意识与外部行动两者之间沟通的媒介。它还是一种启示、提醒和指令，它会告诉你注意什么、追求什么、致力于什么和怎样行动，因而它能支配影响你的行为。这是每个人都拥有的一个看不见的法宝。

一个人的命运是由自我意识决定的，而自我意识又是潜意

识的一部分。也就是说，因为积极的心理暗示要经常进行，长期坚持，这就意味着积极的自我暗示能自动进入潜意识，影响意识，只有潜意识改变了，人的行为才会改变，才会成为习惯。

暗示是一种奇妙的心理现象，暗示又可分为他暗示与自我暗示两种形式。他暗示从某种意义上说可以称之为预言，虽然它对致富也有一定的作用，但却不及自我暗示的力量大，所以在这里就不详细讲解“他暗示”，而主要阐述“自我暗示”。

自有人类以来，不知有多少思想家、传教士和教育家都已经一再强调信心与意志的重要性，但他们都没有明确指出信心与意志是一种心理状态，是一种可以用自我暗示诱导和修炼出来的积极的心理状态。成功始于觉醒，心态决定命运。

积极心态来源于心理上进行积极的自我暗示，反之，消极心态就是经常在心理上进行消极的自我暗示。不同的意识与心态会有不同的心理暗示，而心理暗示的不同也是形成不同的意识与心态的根源。所以说心态决定命运，正是以心理暗示决定行为这个事实为依据的。

例如，星期天，你本来想约个朋友出去玩玩，可是早晨起床之后发现下雨了。这时候，你怎么想？你也许想：糟糕！下雨天，哪儿也去不成了，闷在家里真没劲……如果你想下雨

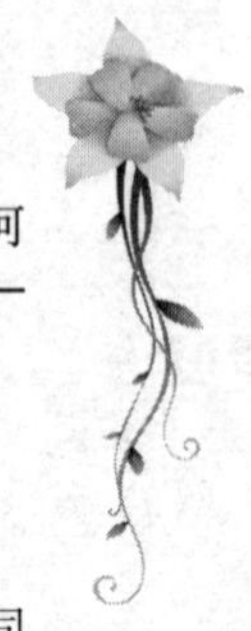

了，也好，今天在家里好好读读书，听听音乐……这两种不同的心理暗示，就会给你带来两种不同的情绪和行为。

对于多数人而言，生活并不是一成不变的，虽然不是一无所有，一切糟糕，但也不是什么都好，事事如意。这种一般的境遇相当于“半杯咖啡”。你面对这半杯咖啡，心里会怎么想呢？消极的自我暗示是为了少了半杯而不高兴，情绪消沉；而积极的自我暗示是庆幸自己获得了半杯咖啡，那就好好享用，因而精神振作，行动积极。

所以，每个人都有一个看不见的法宝。这个法宝具有两种不同的作用，这两种不同的力量都很神气。它会让你鼓起信心和勇气，抓住机遇，采取行动，去获得财富、成就、健康和幸福，也会让你排斥和失去这些极为宝贵的东西。心理上的自我暗示固然是个法宝，但这个法宝的巨大魔力，还需要通过长期运用，形成一种意识才会充分地显示出来。

具有自信主动意识的人，会长期进行积极的自我暗示，而具有自卑被动意识的人，却总是使用消极的自我暗示。经常进行积极暗示的人，把每一个困难和问题看成是机会和希望；经常进行消极暗示的人，却将每一个希望和机会看成是问题和困难。

美国社会学学者华特·雷克博士做了这样一个研究：

他从两所小学的六年级学生中，找出两组截然不同的学生作为研究对象。一组是表现不好，难以救药的；另一组是表现优良，知道能够上进的。

研究发现，那些品行不良的孩子，在他们遇到某种困难时，往往会预期自己一定会有麻烦，觉得自己比别人低下，认定自己的家庭糟糕透顶等。而那些素质优良的孩子，则相信自己在学习上一定会出好成绩，不会遇到什么麻烦。5年过去了，追踪调查也有了结果，正如原先所预期的那样：品行优良的好孩子都能继续上进，而品行不良的孩子则经常会出问题，其中还有人有过犯罪的记录。

以上的事实说明自我意识、自我评价本身确实能够左右一个人的发展。一个人如果有了不良的自我意识，就会有不良的行为表现，也就很容易被人们看成是“没出息”“没用”，甚至“有犯罪意图”，而这样的人上进心不强，自然很难取得成就。

一个人经常怎样对自己进行心理暗示，他就会真的变成那样。比如，一个想要戒酒的人如果经常告诉自己“我无法戒酒”，那么他就永远都戒不了酒。凡事认为“我不行”“我注定会失败”的人，他就不会成功。相反，只有自我意识是“可

以”“能够做到”“一定能成功”的人，才有可能有所作为，达到自己的目标。所以，我们要调整好自己的心理情绪，充分利用积极的心理暗示。

总之，如果你想要成功，就要每天不停地在心中念诵自励的暗示宣言，并牢记成功心法：你要有强烈的成功欲望、无坚不摧的自信心。如果你能将这个成功心法与你的精神与行动保持一致，那么就会有一种神奇的力量来帮助你打开成功之门。

坚持与自己抗争

爱默生说："一个人就是他整天所想的那些。"你想什么，你就是怎样的一个人，因为每个人的特性都是由思想造成的。每个人的命运完全决定于他的心理状态。所以，我们能够发现，当情绪低落时，情商高的人善于给自己一些积极暗示，与自己的内心进行抗争，帮助自己走出困境。

《荷马史诗》中歌颂的英雄——海中女神忒提斯之子阿基琉斯，他俊美、敏捷，有捷足之称。命里注定他或是庸碌而长寿，或是短命却荣耀，他选择了后者。

特洛伊战争前夕，水神苦苦劝说自己的儿子不要去参加战

争，不然就会丧命在这场战争之中，但阿基琉斯明知自己不能从特洛伊战争中生还，还是毅然参战。即使是面对敌人赫克托尔的“忠告”，他还是说“我的死亡我会接受”。他是希腊军队中最杰出的将领，因其主帅阿加门农夺走他的女俘布里塞伊斯，他拒绝参战。特洛伊人乘机进攻，他的好友帕特罗克洛斯为挽救希腊军队，披挂他的铠甲上阵，不幸战死。他悔恨自己的执拗，与阿加门农和解，重新出战，大败特洛伊人，杀死特洛伊主将赫克托尔。从此，他成了荷马永远的英雄。

阿基琉斯是勇敢无畏的，明知自己会战死沙场，也要前去一搏，不管他是为了自己的国家，还是为了超越自我，或者为了荣誉而战，但起码在命运面前他不愿妥协，宁可战死沙场也不接受命运的摆弄。虽然最后他死了，但他不相信命运、做自己主人的精神却永远活在后人心中。他的精神和灵魂将永存。

命运其实并没有那么可怕。对弱者来说，命运永远掌握在别人的手里；但是对强者来说，命运则掌握在自己手中。也就是说，命运遇弱则弱，遇强则强，如果你足够强大，你就可以改写自己的命运，掌控自己的命运，开创一个成功的人生。

关于命运，诗人亨雷写道：“我是我的命运的主宰；我是我

的灵魂的船长。”这是一句富有哲学意味的话，这句话告诉我们：我们是我们命运的主人，因为我们有能力控制我们的思想。

命运总是时时刻刻都与你一同存在。所以，你不要敬畏它的神秘，虽然有时它深不可测；不要畏惧它的无常，虽然有时它来去无踪；但是请不要因为命运的怪诞而俯首听命，听任它的摆布。你要知道，等你年老的时候，蓦然回首往事就会发觉，命运有一半在你手中，只有另一半才在上帝的手中。你的努力越超常，你手里掌握的那一半命运就越强大，你收获得就会越多。

在你彻底绝望的时候，别忘了有一半的命运掌握在自己的手里。在你得意忘形的时候，别忘了上帝的手里还握着另一半。在你的一生中，你最应该做的努力就是用你自己手中的一半，去获取上帝手中的另一半。我们总说与命运抗争，其实就是与自己抗争。

的确，如果我们心里都是快乐的念头，我们就能快乐；如果我们想的都是悲伤的事情，我们就会悲伤；如果我们想到一些可怕的情况，我们就会害怕；如果我们有不好的念头，我们恐怕就不会安心了；如果我们想的全是失败，我们就会失败；如果我们沉浸在自怜里，大家都会躲着我们。

爱迪生是众人皆知的发明家，但是他的“学历”却是小学，老师因为总被他古怪的问题问得张口结舌，竟然当着他母亲的面说他是个傻瓜、将来不会有什么出息。母亲一气之下让他退学，由她亲自教育。在母亲的耐心教导下，爱迪生的天资得以充分地展露。从那时候开始，他阅读了大量的书籍，走上科学发明之路。

在这个世上，相信没有什么会比一个刚刚求学的孩子遭到老师否认更让人难以忍受的事情了。爱迪生的妈妈更加不能容忍，她不相信自己的儿子是个傻瓜，因为她深信每一个人身上的潜能都是巨大的，只是老师没有发现。最终，在妈妈的指导和爱迪生自己的努力下，这个曾经被认为是傻瓜的孩子发明出了世界上第一枚灯泡，为人类带来了无尽的光明。

当一个人行走在自己的生命之路上时，可能会面临一次又一次的苦难，也可能会陷入一系列的困难中，刚开始他可能会使尽全力和这样那样的麻烦抗争。不久，当困难一直挥之不去的时候，他可能形成这样一种生活态度：人生是艰难的，生活所发的牌总是跟他过不去……那么，做这样那样的事情有什么用呢？

他灰心丧气，认准无论自己怎么做都“不会有什么好事”。这样，他想在生活中取得成功的梦想破灭之后，便将注意力转移到子女身上，希望他们的人生会是另外一种样子。有时，这会成为一种解决问题的方式，然而孩子们又会陷入和父辈们相同的生活方式中。

终于经过一次又一次苦难之后，他得出结论：只有一个办法能解决问题，那就是用自己的双手结束自己的生命——自杀。

其实，自始至终，他都没有能够发现那种可能改变自己人生的巨大潜能。他没有能够分辨出这种潜能……甚至并不知道这种潜能的存在……他看见成千上万的人在以和他相同的方式与命运抗争，然后他认为那就是生活。

在我们的周围，类似的事情还有很多，很多人每天都在抱怨他们命运不济，他们厌倦生活以及周围这个世界运转的方式，但却没意识到在他们身上有一种潜能，这种潜能会使他们获得新生。这种潜能一旦运用得当，将带给你信心而非怯懦、平静而非动摇、泰然自若而非无所适从、心灵的平静而非痛苦。请记住：每一个人都拥有一种伟大而令人惊叹的力量。

因为很多人不知道这一点，所以，有多少次我们已经触摸了巨大的潜能却没有认出它？有多少次巨大的潜能就握在我

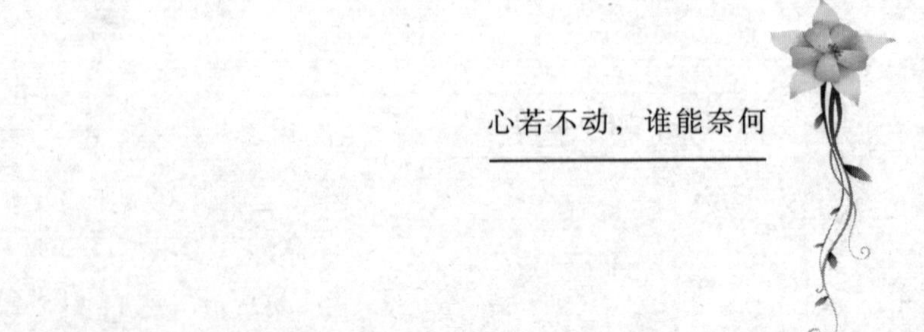

们手中而我们却把它扔掉了，仅仅因为我们没有认出它？有多少次我们目睹巨大的潜能在面前得到展现？然而，我们却没有看到它，没看到它可能带给我们的种种益处，没看到它无所不能、创造奇迹的影响。

我们活着的目的就是为了过上好的生活，我们一直都在寻找那种改变我们生活的能力，但是大多数人一生都没有找到。其实不是我们没有找到，而是它就在我们面前，我们没有发现它。战胜自己，去认识并利用它，实现自己的目标。

做自己命运的主人

人定胜天。这是无数成功人士验证的真理。诗人亨雷写道：“我是我命运的主宰；我是灵魂的船长。”没错，我们是我们自己命运的主人，因为我们有能力控制自己的思想。

很多情况下，人们的命运都是由别人和外物所控制，要主宰自己，就需要莫大的勇气。特别是对于一个失败者，当他陷入挫折的情绪中，要及时调整自己，战胜自己，树立起主宰自己的信心，更不是一件容易的事。

希尔丽是一个文学爱好者，她用了很长的时间写了一篇小说，然后拿给一位著名的作家看，希望能得到他的教诲，她来

到了作家的家里，作家很热情地接待了她。因为作家视力不太好，希尔丽把小说念给作家听：很快，她就读完了，停下来。

作家问：“结束了吗？”

“听他的语气，似乎渴望能有下文！”想到这里，希尔丽立刻产生了灵感，回答说：“没有啊，后面的部分更精彩。”于是，她就根据自己的想象继续往下“念”。

过了一会儿，作家又问：“结束了吗？”

希尔丽心想：“作家肯定是渴望把整个故事听完。”于是，她就继续往下“念”。

如果不是突然响起的电话铃声打断了希尔丽的话，她会一直“念”下去的。

作家因为有事需要马上出门，临走前，他说：“其实你的小说早该收笔，在我第一次询问你是否结束的时候，就应该结束。何必又往下写那么长呢？看来你缺少作为一名作家最基本的素质——决断。决断是当作家的根本素质，拖泥带水的作品怎么能打动读者呢？”听了作家的话，希尔丽后悔莫及，心想：“看来自己不适合从事写作的事，还是放弃，为自己重新

找一个方向吧！”

很多年后，希尔丽从事了绘画的职业，但是她从心里还是喜欢写作，那是她儿时的梦想，可惜自己偏偏不具备写作的基本素质。人生真的是有很多不如意。

一个很偶然的机会，希尔丽结识了一位更著名的作家，当希尔丽和他谈及当年给作家念小说的事情时，这位作家不禁惊呼：“你能在那么短的时间里编造出那么精彩的故事，真是不容易呀！这是作为一个优秀作家应该拥有的最基本的能力，而你却放弃了写作，实在是太可惜了！”自己的事自己不去做主，而总是在他人的建议中摇摆，始终不去依靠自己的想法去做事，这样的人与一个木偶有什么区别呢？

人若失去自己，则是天下最大的不幸；而失去自主，则是人生最大的陷阱。赤橙黄绿青蓝紫，你应该有自己的一方天地和特有的色彩。相信自己，创造自己，永远比证明自己重要得多。你无疑要在骚动的、多变的世界面前，打出“自己的牌”，勇敢地亮出你自己。你该像星星、闪电，像出巢的飞鸟，果断地、毫不顾忌地向世人宣告并展示你的能力、你的风采、你的气度、你的才智。

你永远是自己的主人，不管是你懦弱地生存时还是勇敢地生活时。但是你懦弱的时候，你只是一个愚蠢的主人，错误地管理着自己的“家产”。只有当你勇敢地为自己的生命负责并为之奋斗不息时，你才称得上一名聪明的主人了。做自己的主人，就要做一个聪明的主人，并敢于在生活中付诸行动。

查理的工厂宣告破产了，他所有的财产加起来资不抵债，他成了一个名副其实的穷光蛋。

查理无法面对残酷的现实，心力交瘁，沮丧透了，几乎想到了自杀。

他流着泪去见牧师，希望能够得以指点，让他东山再起。

牧师说，我对你的遭遇很同情，我也希望能对你有所帮助，但事实上，我却没有能力帮助你。

查理唯一的希望破灭了，他喃喃自语道：“难道我真的无出路了吗？”

牧师说：“虽然我没办法帮助你，但我可以介绍你去见一个人，他可以协助你东山再起。”

牧师带着查理来到一面大镜子前，手指着镜子里的查理说：“我介绍的这个人就是他，在这个世界上，只有他才能够

使你东山再起，只有他才能主宰你的命运。”

查理怔怔地望着镜子里的自己，用手摸着长满胡须的脸孔，望着自己颓废的神色和迷离无助的双眸，他不由自主地抽泣起来。

第二天，查理又来见牧师，他从头到脚几乎是换了一个人，步伐轻快有力，双目坚定有神。查理说：“我终于知道我应该怎么做了，是你让我重新认识了自己，把真正的我指点给我了，我已经找了一份不错的工作，我坚信，这是我成功的起点。”

几年后，查理东山再起，事业如日中天。

主宰自己不是口号式的宣言，而是情商正面强化的结果，是在奋进过程中的心理能动力量，是积极的心理自我暗示产生出来的结果。

人的一生中，会遇到这样那样的不幸、苦难和困惑，但只要我们在绝境中不屈服，敢于驾驭自己的命运，挖掘自身的潜能，并不忘记享受生活的美丽，学会坦然，学会乐观，自己设计自己的人生路，不做生活的奴隶，做一个快乐而成功的自己。

人生就像打扑克牌，别管命运给我们发了什么样的牌，也不管命运给别人发了什么牌，你的牌最终是你来打，先打什

么，后打什么，怎么打，都是你说了算。你不要怪牌不好，要怪就要怪自己打牌的能力不高。你是你自己的主人，你的牌要由你来控制。

做自己的主人，就是创造自己生命的奇迹，是修炼自己完善的人格魅力，是怀揣一个追求成功的梦想，是做自己的救世主，是保持自我本色，是把握自己的命运，是做一个成功而真实的自己。

如果说人生如戏，你就是剧中的主角，因此，你可以在影片拍摄期间随意更改剧情。

第七章

态度决定一切

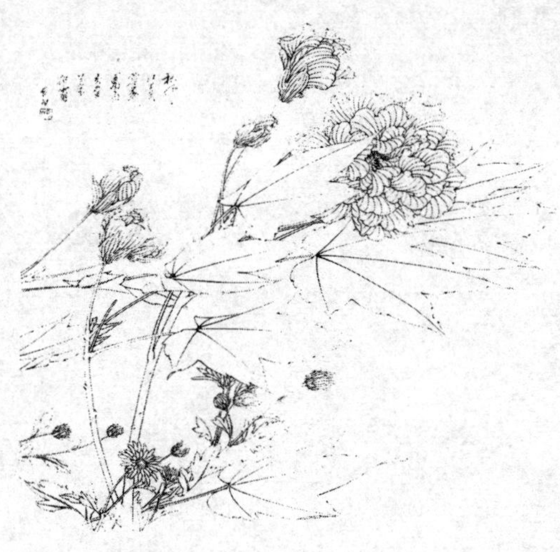

心态决定人生

积极的心态是一种看不见的法宝，会在人的一生中产生惊人的力量：它能让你获得财富，拥有幸福，健康长寿；可以使你达到事业的顶峰，尽享人生的快乐与美好，体会幸福和成功。

一般来说，人们对于一件事的好坏的评判标准，主要是取决于个人的习惯、心态和看问题的角度。“好事”也可以说是“坏事”，“幸事”也可以说是“倒霉事”。你对现实抱什么样的观念，就会给你的思想方法和行为举止涂上什么色彩。

积极心态，是一种对任何人、情况或环境所持的正确、诚恳而且具有建设性，同时也不违背人类权利的思想、行为和

反应。在积极心态的影响下，你能扩展你的希望，并克服所有消极心态。它给你实现你欲望的精神力量、感情和信心，积极心态是当你面对任何挑战时应该具备的“我能……而且我会……”的心态。

如果你认准了什么事都很糟，你就有可能不知不觉地给自己造成不愉快的环境。一旦你觉得厄运即将临头，你就会做出一些起消极作用的事，使你的预言真的应验。所以说，积极心态是迈向成功的不可或缺的要素，是成功理论中最重要的一项原则，你可将这一原则运用在你的生活和工作上，它将会给你带来意想不到的收获。

也许一个被消极心态困扰的人嘴中可能时常念叨成功，但就是不能成功，因为他们不愿付诸行动，也不知怎么行动，他们没有目标。因为消极的心态深藏在他们的潜意识里，这直接影响了他们的成功，虽然他们想去克服，但又下不了决心去克服，于是他们的生命里就永远不由自主地呈现这种状态。

我们知道，一个人如果抱着消极的心态面对生活，必定会比拥有积极心态的人遭到更多的失败。他们情绪沮丧、步履缓慢、两眼无神、悲观失望。他们往往具有这样的特征：愤世嫉俗，认为人性丑恶，与人不和；没有目标，缺乏动力，不思

进取；缺乏恒心，经常为自己寻找借口和合理化的理由逃避工作；心存侥幸，不愿付出；固执己见，不能宽容人；自卑懦弱，无所事事；自高自大，清高虚荣，不守信用，等等。

抱有消极心态的人，对自己也有一个消极的自我评价。他们往往会这样想：

“在家我是最小的，在班上我还是最小的。”

“我原来就有粗心大意的毛病。”

“我的责任心一直不强。”

“我的感情总是这么脆弱。”

“我的身高在全球几乎是最小的。”

“我的英语成绩在小学时候就不好。”

“我就是不擅长体育活动。”

“我做事老是过于谨慎。”

“我太胖了，一点儿魅力都没有。”

虽然这些都只是小事，而且评价也只有很小的力度，然而这些评价加起来往往会影响一个人的做事方式，最终导致选择人生道路的不同。

这些消极的自我评价的一个共同特征就是总觉得自己在某一方面不如别人。每个人总是以他人为镜来认识自己和进行自

我评价的。对于涉世未深的青年学生，来自他人的评价显得尤为重要。如果他人，特别是较有权威的人，如父母、老师或自己所敬佩的人对自己做了较低的评价，就会影响自己对自己的认识，使自己也低估自己。

消极的自我评价会使人产生自卑感，心理学家的研究发现性格较内向的人，往往愿意接受别人的低评价，而对外界的高评价则易持怀疑态度。他们在将自己与他人进行比较后，也多半自觉不自觉地拿自己的短处与他人的长处相比，结果当然是越比越觉得自己不如别人，越比越泄气，越比自我评价越消极，自卑感便油然而生。心理学家尚未研究的问题是：“有些性格并不内向的人，由于消极的自我评价也会逐渐变得内向起来。”

没有人不希望自己可以永久处于欢乐和幸福之中。然而，生活是错综复杂、千变万化的，并且经常发生祸不单行的事。频繁而持久地处于扫兴、生气、苦闷和悲哀之中的人，健康必然会受到影响，甚至减损寿命。当然我们是有办法解决这些困惑的，当我们遇到不开心的事情，心怀不快时，不妨采取以下策略：

策略一：转移思路。

当扫兴、生气、苦闷和悲哀的事情临头时，可暂时回避一下，努力把不快的思路转移到高兴的思路上去。例如，换一个

房间、换一个聊天对象、有意去干一桩活儿、去串门会一个朋友或有意上街去看热闹等。“难得糊涂”是用在对待这类既烦恼又无关紧要的琐事时，是改善心情再恰当不过的好办法。

策略二：多舍少求。

俗话说“知足常乐”，不抱怨自己吃亏的人，的确很难愉快起来。多奉献少索取的人，总是心胸坦荡、笑口常开。整天与别人计较工资、奖金、提成、隐性收入的人心理怎么会平衡？只有听之任之，给多少也不在意的人心情才比较稳定。至于对别人能广施仁慈之心，包括当素不相识的路人遭遇困难时也能慷慨解囊、毫不吝啬的那些人也许很少出现烦心事。

策略三：向人倾诉。

心情不快却闷着不说，会闷出病来，有了苦闷应学会倾诉。首先可以向朋友倾诉，这就需要先学会广交朋友。如果经常防范着别人的“侵害”而不交朋友，也就无愉快可谈。没有朋友的话，不仅遇到难事无人相助，也无法找到可一吐为快的对象。把心中的苦处能和盘倒给知心人并能得到安慰的人，心胸自然会像开了扇门。即使面对不很知心的人，学会把心中的委屈不软不硬地倾诉给他，也常能得到心境立即阴转晴之效。

策略四：执着。

人无爱好，生活单调，而且与那些有着一两种令人羡慕的爱好的人相比，心中往往平添几分嫉妒与焦躁。除少数执着追求自己本职事业者外，许多人能培养自己的业余爱好。集邮、打球、钓鱼、玩牌、跳舞等都能使业余生活丰富多彩。每遇到心情不快时，完全可全身心一头扎到自己的爱好之中。

策略五：求助医生。

对于长期心情不畅、无法自拔者，可进行心理治疗和药物治疗。长期心情不快可能由隐匿性抑郁症所引起，或由其他较轻微的障碍所引起，其共同特征是体内一种叫作血清素（5羟色胺）的神经特质减少，引起情绪低落，通过服用一些能升高体内血清素水平的抗抑郁药，也可改善低落的心境。

策略六：亲近宠物。

有意饲养猫、狗、鸟、鱼等小动物及有意栽植花、草、果、菜等，有时能起到排遣烦恼的作用。遇到不如意的事时，主动与小动物亲近，小动物凭与主人感情的基础，会逗主人欢乐，与小动物交流几句更能使不平静的心很快平静。摘枯黄的花叶，浇菜或坐在葡萄架下品尝水果等，许多很简单的生活小事，都可以有效地帮助我们调整不良情绪。

消除消极心态

著名的美国政治家罗尔斯曾经在就职演说中说：“信念值多少钱？信念是不值钱的，它有时甚至是一个善意的欺骗，然而你一旦坚持下去，它就会迅速升值。”

当然，罗尔斯在这里说的是积极的信念，而不是消极的信念。这是必须要指出的一点，因为大家千万别小看消极心态，它会限制你的潜能，将你的生活、事业搅得一塌糊涂。消极心态就像一剂慢性毒药，吃了这服药的人会慢慢地变得意志消沉，失去任何动力，而成功就会离拥有消极心态的人越来越远。不但如此，消极心态会使人看不到将来的希望，进而激发不

出动力，甚至会摧毁人们的信心，使希望泯灭。

所以，人必须抱定积极的信念，向着自己的目标不断前进。

在人的一生中，有许多非常重要的学问值得学习，其中，如何面对挫折就是重要的一个。对于挫折，处理得好坏往往就决定了一生的命运。在挫折到来时，我们要记住安东尼·罗宾的这句话："面对人生逆境或困境时所持的心态，远比任何事都来得重要。"

有些人在经历了一些挫败后便开始消沉，认为不管做什么事都不会成功，这种消极的心态蔓延开来让他觉得无力、无望，甚至于无用。如果你要想克服消极心态、要想追求自己的优势，就千万不可有这样的心态，因为它会扼杀你的潜能，毁掉你克服生存危机的希望。

人如果没有积极的心态，坚定的信念，将很难做成事情。相反，如果面对挫折，还能义无反顾，坚持做自己想做的事情，并最后取得成功，那么这样的人就是生活中的强者，是值得大家学习的人，就是我们生活的榜样。

有什么样的心态，就会有什么样的生活，也会有什么样的人生。

有位太太请了个油漆匠到家里粉刷墙壁。

油漆匠一走进门，看到她的丈夫双目失明，顿时露出怜悯的眼光。可是男主人一向开朗乐观，所以油漆匠在那里工作的几天，他们谈得很投机，油漆匠也从未提起男主人的缺憾。

工作完毕，油漆匠取出账单，那位太太发现比谈妥的价钱打了一个很大的折扣。她问油漆匠："怎么少算这么多呢？"

他回答说："我跟你先生在一起觉得很快乐，他对人生的态度使我觉得自己的境况还不算最坏。所以减去的那一部分就算我对他表示一点谢意，因为他使我不会把工作看得太苦！"

油漆匠对她丈夫的赞美使她流下了两行热泪，因为这位慷慨的油漆匠只有一只手！

心态是这个世界上最廉价的东西，任何人都可以不费吹灰之力就获得。但是，并不是所有人都懂得珍惜和利用它，很多时候，人们似乎无视它的存在。其实，这是不对的，只有善加利用它的人，才会成就自己的梦想。要知道，所有成功的人，最初都是从一个小小的心态开始的。心态就是所有奇迹的萌发点。

马丁·塞利格曼是宾州大学的教授。在他所著的那本《克服生存危机的乐观意识》一书中曾指出，有三种特别模式的心态会造成人们的无力感，最终会毁了自己的一生。这三种心态

是永远长存、无所不在及问题在我。

当自己存在危机或处于危机状态时，你可曾怀疑过自己做某件事的能力吗？你是怎么想的？很可能是你自问了这样的问题：“如果行不通怎么办？”或“如果我做不来怎么办？”很明显，这个问题似乎有些沉重，如果你质疑自己的心态，就说明你对自己根本没有信心，即使曾经相信过，那也是在一种糊涂的状态下相信的。

事实上，大多数情况下，我们之所以克服消极的心态，是由于他人的帮助。只是我们当时没有好好探究，也就是所谓的“当局者迷”。如果我们重新去认识，就会发现，有些克服消极心态的信念，其实根本没有道理，而自己却稀里糊涂地相信了那么长时间。

如果你对任何事物不断提出问题，没多久就会开始对它产生怀疑，这包括那些你深信不疑的事物。我们克服消极心态的心态，按其相信的程度可分为几个等级，清楚知道它们的等级十分重要，给它们分成的等级是游移的、肯定的以及强烈的。

也许今天你对某些事已有充分把握，可是别忘了随着岁月的流逝我们会面对新的环境，我们得有更有力的心态才行。别一味相信以往曾使你有把握的心态，当你拥有更多的依据后，

这些心态便会改变，不过今天你应该关心的是，目前所持有的心态是否能帮助你突破和成长，看看它们能带给你什么样的结果。

如何认识消极心态呢？

现在，请你放下手上的一切事情，给自己十分钟，彻底从脑子里翻出那些可以帮助你克服消极心态的心态，并且好好地想一想，不管这些克服自身消极心态的心态对你是有帮助的或是有妨碍的，要尽可能把它们都写下来，让自己看到。

对那些克服消极心态的人来说，最忌讳陶醉在自我满足的心态中，因为满足自我的心态是人生的死海症状。死海是个没有出口的海，因而成为一滩有毒的死水，并且正逐渐消亡。满足自我像死海一样，是一种以自我为中心的人生态度，终将妨碍我们发挥潜能。

克服消极心态的秘诀就在于对未来有把握，抱着不断突破的信念而拿出必要的行动，就一定能为自己及他人开创期望的人生。

积极心态的力量

对于一个人来说，没有什么比心态更能决定一生的成败了。如果你培养了自己的积极心态，你就会发现在世界上所有的人和事物中，对你来讲最最重要的人只有一个，那就是你自己。这是一种自信的心态，积极的心态，无往不胜、唯我独尊的王者心态。

华盛顿大学的心理学家席耶发现，在面对求职遭拒之类的挫折时，乐观者多半会拟订行动方案，寻求他人帮忙或忠告；悲观者遇到类似困境时，会认定事情已无挽回余地，或者大多会试着忘掉一切。而乐观者通常只有在真正无法挽救的情况

下，才会出现这种态度。

积极的心态会帮你成就自己的梦想，而消极的心态只会让你在梦想面前止步。

宾州大学的赛利曼博士说：“克服消极心态之道，在于几许天分加上屡败屡战的精神。”两者互相结合即为乐观。赛利曼博士还说，较实际情况更能掌握自己生命的人，所获成果会比那些自以为洞悉事理的悲观主义者好。

积极的心态并不能保证事事成功，但积极心态肯定会改善一个人的日常生活。可以肯定的是，与积极心态相反的心态则必败无疑，因为从古至今，从来没有消极悲观的人能够取得持续的成功。因此，我们必须拥有一种正确的积极的心态。

积极的心态是一种正确的心态，具有积极心态的人，总是有着较高的目标，不断地奋斗，以达到自己的目标。

培养积极之心是生命中最重要的一环。所谓积极之心，包括所有“正面”的特质，如自信、希望、乐观、勇气、慷慨、机智、仁慈及丰富的知识。对人生态度积极的人，必有远大的目标并为此不懈努力。

蒙利想做薄饼生意，但每一个人都告诉他：“你完全缺乏这方面的知识，你不可能成功。”但蒙利对这些议论不以

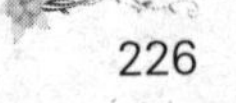

为然，他排除万难，于1962年在密歇根州开设了第一家“多棉劳”薄饼店。30年后，他在全球拥有5000多家分店，成为“薄饼大王”。

也许你现在已经确信一点，积极的心态与消极的心态一样，它们都能对你产生一种作用力，不过两种作用力的方向相反，作用点相同，这一作用点就是你自己。

所以，为了获取人生中最有价值的东西，为了获得自己家庭的幸福和事业的成功，你必须最大限度地发挥积极心态的力量，以抵制消极心态的反作用力。虽然我们并不是从生下来那一刻起就有积极心态，但是我们却可以通过一些办法努力培养起来。

培养积极心态可以参考以下八种方法：

1. 重视你自己的生命

不要说：“只要吞下一口毒药，就可获得解脱。”不妨想，“信心将协助你渡过难关”。由于头脑指挥身体如何行动，因此你不妨从事最高级和最乐观的思考。人们问你为何如此乐观时，请告诉他们，你情绪高昂是因为你服用了“贝多芬”。

2. 不要躲起来

生活中发生变化是很正常的。每次发生变化，总会遭遇到

陌生及预料不到的意外事件。不要躲起来，使自己变得懦弱。相反，要敢于去应付危险的状况，对你未曾见过的事物，要培养出信心来。

3. 多与乐观者在一起

不要浪费时间去阅读别人悲惨的详细新闻。在开车上学或上班途中，听听电台的音乐或自己的音乐带。如果可能的话，和一位乐观者共进早餐或午餐。晚上不要坐在电视机前，要把时间用来和你所爱的人聊聊天。

4. 在你生活的每一天里，写信、拜访或打电话给需要帮助的某个人

向某人显示你的信心，并把你的信心传给别人。

5. 妥善利用星期天

把星期天变作培养“良好信心”的日子。到野外郊游，找一两个知心朋友小聚，看一本自己喜爱的书，和家人共进晚餐等，这些美好的情景都能帮助我们找回信心。

6. 从事有益的娱乐与教育活动

观看介绍自然美景、家庭健康以及文化活动的录像带；挑选电视节目及电影时，要根据它们的质量与价值，而不是注意商业吸引力。

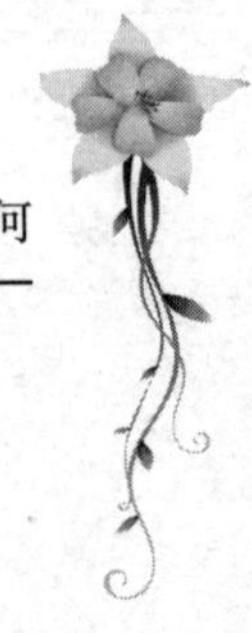

7. 时刻保持健康的形象

在幻想、思考以及谈话中，时刻表现出你的健康状况很好。每天对自己做积极的自言自语。不要老是想着一些小毛病，像伤风、头痛、刀伤、擦伤、抽筋、扭伤以及一些小外伤等。如果你对这些小毛病太过注意了，它们将会成为你“最好的朋友”，经常来向你“问候”。你脑中想些什么，你的身体就会再现出来。

8. 改变你的习惯用语

不要说“我真累坏了”，而要说“忙了一天，现在心情真轻松”；不要说“他们怎不想想办法”，而要说“我知道我将怎么办”；不要在团体中抱怨不休，试着去赞扬团体中的某个人；不要说“为什么偏偏找上我，上帝”，而要说“上帝，考验我吧”；不要说“这个世界乱七八糟”，而要说“我要先把自己家里弄好”。

学会了以上八种方法，也许你已经愿意积极生活。当然，这是个人的选择。你一旦做了积极的决定，即意味着日常生活中，到处都是机会。每次经验都是全新的开始，可用不同的想法和感觉去体会。面对生活中源源不绝的挑战，在取得主动的地位后，便能镇定自若地调兵遣将，决定应付的方式和态度。

那些拥有积极心态的人，是积极主动的，他们不仅有选择、拒绝的能力，而且能够担负自己的责任，塑造自己的未来，发挥人性的光辉潜能，也只有这种人才能成为爱因斯坦、摩根、洛克菲勒等成大事者。而那些具有消极心态的人则是被动消极的，对将来总是感到失望，在他们的眼中，玻璃杯永远不是半满的，而是半空的。受消极潜意识和本能的盲目驱使，他们的一生将碌碌无为，只能成为一个机械的而非积极主动的人，注定一无所成。

有些人虽然有积极的心态，但是一遇到挫折就会失去信心；他们不了解成功需要用积极的心态去不断尝试。

积极还是消极，全凭你自己决定。因为你是你自己的指挥官，没有任何人能命令，或以他的意志驱使你。一切主动权皆操之在你。

态度决定一切

有时候积极思想之所以无效，是因为我们没有真正去实行这一原则。积极思想需要不断训练、学习及持之以恒。你只有保持一种态度，并乐意主动去实行，才能见成效。

积极的心态能吸引财富，但消极的心态只会适得其反。现在你可以从积极的心态出发，向前迈出你的第一步。你也可能受到消极心态的影响，当你距离你的目的地只有一步之遥时，你却停下来了。

我们总是在意想不到的时候产生出不愉快的想法。所以重要的是，我们不但要学会如何排除不愉快的想法，还要学会怎

样把腾空了的地方装上健康而积极的念头和想法。

事业有成的比尔·盖茨仍潜心凝神地工作，目标是把微软的产品卖到全球每一个地方。迈克尔·乔丹成为篮球场上无敌的“飞人”，年薪上百万美元。白发斑斑的美国威斯康公司董事长萨默·莱德神采奕奕、永远年轻。他所领导的公司在美国拥有很大的名气……在这里，他们的身份各异，但是他们的态度却有着惊人的相似——认真地对待工作，百分之百地投入工作，从来没有想过要投机取巧，从来不会耍小聪明。

其实有时候，杜绝狡猾的手段，反而是一种极其聪明的做法。很多人就是因此取得了令人瞩目的成就。

“态度决定一切”，因此，可以肯定地说，人之所以能够成功，其最大的推动力之一就是：对工作负责，对顾客负责，对自己负责。从这里，也可以看出责任观念是一切优秀事物的来源。做人是这样的，经营事业也同样如此。你恪守责任心，全面、谨慎地做好你的工作，你就会得到一切。

亚伯拉罕·林肯说过：“人下决心想要愉快到什么程度，他大体上也就愉快到什么程度。你能够决定自己头脑中想些什么。你能控制着自己的思想。”

你想拥有幸福的人生吗？你想过上快乐的生活吗？也许

很多人觉得这是很没趣的问题，这些是所有人都梦寐以求的，还用问吗？没错，人人都想过上美满富足的生活，但是请看看你现在对生命抱有的态度是什么样的。你是积极主动地创造生活，还是消极被动地混日子呢？在人生之路上，我们每个人都需要一种正确的态度来引导自己，监督自己，不停止前行的脚步，这样才有希望走到理想的彼岸。